U0926373

别让人生，输给了心情 2

丁浩 著

天津出版传媒集团
天津人民出版社

图书在版编目（CIP）数据

别让人生，输给了心情：暖心珍藏版. 2 / 丁浩著
. --天津 ：天津人民出版社, 2018.1
ISBN 978-7-201-12049-2

Ⅰ. ①别… Ⅱ. ①丁… Ⅲ. ①成功心理—通俗读物
Ⅳ. ①B848.4-49

中国版本图书馆CIP数据核字（2017）第136459号

别让人生，输给了心情2

BIERANG RENSHENG SHUGEILE XINQING 2

出　　版　天津人民出版社
出 版 人　黄　沛
地　　址　天津市和平区西康路35号康岳大厦
邮政编码　300051
邮购电话　（022）23332469
网　　址　http://www.tjrmcbs.com
电子信箱　tjrmcbs@126.com

责任编辑　陈　烨
选题策划　李世正
特约编辑　5biao　杨佳怡
内文设计　邱兴赛
封面设计　仙　境

制版印刷　北京华创印务有限公司
经　　销　新华书店
开　　本　880×1230毫米 1/32
印　　张　7.75
字　　数　110千字
版次印次　2018年1月第1版　2018年1月第1次印刷
定　　价　38.00元

自序

PREFACE

距离第一本《别让人生，输给了心情》出版整整三年。这三年来可谓苦乐参半：苦的是，有些负能量的东西积压在心底，让人生显得悲凉而厚重；乐的是，我终于可以将这些悲凉而厚重的负能量全部消化解读，并转化为生活的感悟和助力，写出这本《别让人生，输给了心情2》，笑着与你分享。读者若能感同身受，进而达观生活，也算是给自我人生消减业障，做了件细微而有意义的事情。

无论经历了什么，值得一提的是，得意自然是运气，失意也是人之常情。大千世界，与你同样处境的人不计其数，若要计较，恐怕会曲解了生活的本意。我特别喜欢第一版图书的封面文案：“若能一切随风去，便是世间自在人。”时间是残酷而又有效率的存在，它能治愈所有的悔不当初。忘掉的是顺应潮流，忘不掉的未必有多深刻，假以时日也会笑自己太稚嫩，何苦贪恋本该如此、非你不可的假把式？

我认为，在心态的修炼磨拭中，人应该感谢生活。生活让你清楚你是内心的导演。电影是导演的艺术，生活是内心的艺术，全靠你的心来设计和剪辑。角度不同，人生的画面自然也会不同。是拍不卖座的独立电影被后人追捧，还是做大众口味的浮夸电影迎合潮流，都无关紧要。电影是娱乐，生活是快乐，目的明确，才不枉兴师动众地活一场。

2016年9月看了一些忧郁症患者的新闻，大受刺激，更加坚定了我要为喜欢我的读者写下去的决心。一方面觉得人的生命何等脆弱，心情这东西可有可无，却能左右人生，良性时能产生巨大的能量，恶性时能让人变成魔鬼。在压力重重的处境下，每个人都有必要掌握一些修炼内心的方法。另一方面，我

认为凡事往最坏处想，稍有得到即知足的心态大致会加固内心的堡垒，不至于每逢落差就难以接受生活频频亏待于你。至于“知足常乐”四个字，无须赘述，有幸福感的案例百分之九十九都是知足做铺垫。在这一点上，我赞同朋友的比喻：幸福的人生，就像一只蝴蝶，你迫不及待地去贪恋、去捉捕，毫无意外它会即刻消失无踪；当我们要求自我不逼迫、不奢望，消除欲望心，平静乐观地过好每一天，它就会自动飞过来，停在我们的肩膀上。

不谈苦，自然无苦；常言笑，才能笑出幸福的轮廓。就像苏东坡在《定风波》中所述：回首向来萧瑟处，归去，也无风雨也无晴。其实蛮不错。

目录

CONTENTS

目录 CONTENTS

01

从今天起，学着快乐

我常常想，应该有门功课，名字叫作快乐。

预习时，想着快乐有多少；上课时，想着我怎样去获取快乐；复习时，明白快乐可以循环用；考试时，恍然醒悟万物唯心造，生命短暂，发生的一切皆可谈。

如此的课程，从社会效率和人类健康着想，都划得来。

我清楚地记得本人最难过的两个年份是2009年和2016年。前者发生了令我第一次刻骨的失恋，后者让我第一次怀疑当下的职业。

场景重现2009年：一个人吃饭时，才发觉餐厅里的食物如此糟糕，邻座的情侣都那么般配；起身离开，要么忘记带餐卡，要么忘记带雨伞，一个人冲向雨中，凉意入骨入血。

一个人散步时，才感到夜晚的城市需要两人才适合，手表的时针见缝插针地偷懒，回到宿舍连简单的入眠也需要反复练习。

一个人站在人群中时才知道少了有人注视的卑微，做起事来难度指数明显陡增，偶尔和她搭上了话，原来的亲密无间蓦然多了一层隔膜，怀疑这世上做不成情侣做朋友是如此的虚假，越想越不堪，悲从中来。

2009年，我失去了快乐，痛苦接踵而来。这种痛苦一直延续到我毕业，直到几年后同学聚会时偶然讲起，我在回去的路上反复思忖那时的自己：假如我们还在一起，我一定会是那样——不会写字，不会参加剧本讨论会，甚至每年出去走一趟也是奢侈，但也许会安稳，会更爱那稳定的薪水和按时前来的瞌睡。 那不一定不幸福。我无法左右快乐，但至少我现在快乐，改变人设，剧情随之改变，而电影有时就是真实的人生。

七年后，毫无预兆的，又到了衰年。

当我看完太多文字后，才发现能入心的文字越来越少，故事千篇一律，观点大同小异，连敬仰的偶像都失去光泽，书架成了养眼的摆设，自我迷惑的空洞越来越深。

当我交完一篇又一篇稿子，才知道可以售卖的文字不值钱，外表和喧哗成为主流，偏激的观点明明值得商榷，但久旱甘霖的问候更让人着迷，长年累月的打磨难逃穷酸文字的噱头，身心俱惫。

当我满腹信心地构思故事，做了两年的精心布置，回过头来朋友已是娶妻生子，连聚会都要在再三斟酌中给自尊找台阶，仿佛已走错了太久的路，梦想成了梦里神游太虚的假象。

2016年，我又一次失去了快乐，见了朋友脸色颓然，谈起话来处处是抱怨和偏颇，责骂时运不佳见鬼了，冲动醉酒之下做了很多无聊的烦心事，酒醒之后，低落之情溢于言表。直到过了春节，年龄往前迈一步，有一天，我乘坐的大巴车抛锚停在高速路边，夜凉如水，冻到苏醒，明朗的思绪如决堤之水，忽然明白时间的摧枯拉朽，该走的路还要走。回到家中翻看先前写的书，文字所表达的救人自救意义非凡，何况这世界上像我一样热爱自己职业还想着突破的群体实在不多，我也还没沦落到食不果腹、睡大街桥洞的地步。一来二去，过去的自己反而速效救了当前的心，忽感眼前的路延展开来，勿忘初心也来得那么及时。

人在快乐时最容易没有记性，乐极生悲就会应验。“横看成岭侧成峰，远近高低各不同。”生活也是如此，觉悟自然顿生。爬得高固然值得庆幸，可是看得远承受的东西就越多，但快乐却不一定多。站得低眼前都被遮住了，丧失了看全世界的机会，但这倒也看得清眼前的一切，错的删除，对的保留，一步一步虽缓慢但也乐在其中，眼红大可不必。

安乐不一定快乐，安乐是需要条件的。能信手拈来的快乐，在风雨中能笑得出声，在得意中心能放平，这样的人大部分身体都是健康的。

快乐才是长生药，活到老学到老。

02

最美好的
莫过于升级自己

最近听到一些话，比如，只有读过大学的人才有资格说读大学没用；只有相过亲的人，才明白爱情对生活的作用举足轻重；只有深夜哭过的人才足以去谈人生……这样的话用一个场景来表达，大概是一个正处在叛逆期满脑子都是白日梦的学生，当越来越多的亲朋好友围着他七嘴八舌地说他该读大学，将来做老师、医生或律师时，他咆哮着喊了一声“不”，接着用极其绝望而压抑的语调补了一句：你体会不了……

是的，没有人能完全对另一个人的经历感同身受，如果有的话，那是在轰轰烈烈的爱情戏和流行歌曲里才会发生，可是热血过后，冷淡加上理性，才会觉得失态得有些不可思议。但所谓“你体会不了”，我觉得话语发出者可能颠倒了位置，他活在一厢情愿中，将他人口中的蜜糖理解为砒霜未必正确，但从他的角度考量——吃饱了饭理应去消化食物，然后再考虑是去寻求精神刺激还是为下一顿饭继续忙碌。而他选择的是前者，这未尝不可，因为此时此刻活在精彩的世界中，肾上腺素飙升，选择前者反而是恰如其分的。

如此一来，话题就变成了经验和经历哪个更重要。抱歉，没有答案，因为成功的经验用来做史料参考和娱乐大众更为有效，鲜有人靠模仿而生生不息，当然导航仪总能让人避开无效的路线，快捷地抵达目的地，给生命腾出额外的时间。但经验的取舍得看先天条件，不然为什么手握《九阴真经》，有人练得称霸武林，有人却练得走火入魔。生命各不同，但我相信上帝在造人的时候，一定有两种方式：一种是希望你用四肢做兵卒，大脑做军师，完成人生的三国演义；另一种则恰恰相反，大脑完成攻城略地，四肢去践行。这样的安排未曾有问题，但当事人的问题是把二者混淆起来，导致最终的得不偿失。

世间最美好的不是经历和经验，不是现成的面包，也不是颠沛流离后终于得到了面包，而是成长路上从不断否定自己到肯定自己的意外惊喜。说得古板一点儿，就是升级自己、强化自己。彼时我也曾羡慕那种豪掷千金、名车豪宅、美女如云、美食不朽的生活。但抱歉，一夜豪掷千金，换不来半斤的真诚和感动，名车也要遵守交通规则不能酒驾，豪宅不能同时睡在两张床上……佛家讲究因果报应，讲究应观法界性，一切唯心造。对于美感，不过是美好后面的一个感字。与心上人在一起，即便是窝头就白水也能吃出山珍海味的味道来。这未必不是幸福，因为每一秒都不浪费。而孤身一人，把每一刻都献给不菲的高档消费服务中，空虚不可自拔。如果要说这是美感，那就是美感好了。要么晒“狗粮”，要么晒钻戒，随便摊上一种，谁能说这与幸福无关呢？

如果上帝给你一次选择或帮人做选择的权利，你是想要得到一筐鱼还是想得到一次难得的钓鱼机会？是给众生一袋糖还是一片栽种甘蔗的良地和技术？无论哪种结果都不一定不快乐，过程不一定不枯燥。一次次的试验，无所谓苦尽甘来，你突破一次就获得一次自信和新生。在最终成为大师之前，你才知道大师是无法知无不言的，更多的是一念生出无数灭。

什么是美好？当你看到了别人的痛苦，才知道美好的样子。但人的眼睛和判断是容易出错的，这样的美好到了你这里缺少了感受，构不成美感，那么所谓“家家有本难念的经”就成立了。

心贼本性难改，幸福量力而行，得过且过。

03

其实自己未曾配得上

每年春节我都会参加同学聚会，在了解同学的家常琐事后，我总有冲动想写一篇名为《其实自己未曾配得上》的文章，如今最终写成。

先说两个典型的例子，朋友A和朋友B是我不错的两个朋友。A读大学时成绩斐然，又参加了学生会，总是辅导员办公室里的常客，毕业后他考研留校做了教师。说起来，这是一段再平常不过的奋斗史。而B则没有那么顺利，他读书时喜欢摄影（我看过他拍摄的东西，独立而有思想），毕业后他成了自由摄影师，以拍摄写真为主，收入不菲。相对来说，他的收入远远高于A，但生活过得却没有A那么惬意。

坦白地说，我不太喜欢A，他为人处世的方式从普通人到一名有体面工作的普通人，简直有了一百八十度的大转变。大学毕业前他喜欢一个姑娘，姑娘的家境也还不错，自然看不上他这样一个穷小子。可是人生就像天气，说变就变，还变得超出世人的预测。等到A找了教师这样一份稳定而体面的工作后，不出一个月就传来两人的婚讯，在朋友圈里简直就炸开了锅。

后来我想了想，他们之间还是有很大的差距，中国式的门当户对是有一定道理的，我不是故步自封的倡导者，可是A节衣缩食，不喜欢去酒吧、逛街，脾气也很怪，可姑娘却恰恰相反。这样的婚姻多半留有隐患，可是唯一解释得通的就是：配得上！A终于配得上姑娘了。

说完A，再来说说B，他的婚恋之路就没有那么顺利了。

他收入不菲，穿着时尚，阳光开朗，给人十分儒雅谦和的感觉，这样的小伙子挺招人喜欢的，自然他心仪姑娘的鉴定人（父母）也十分喜欢，对他各方面的表现也都十分满意，但奇怪的是，姑娘的父母从来不去提及婚姻的事情，但B很着急。他告诉我，他与姑娘父母见了几次面后总是在他们的眼睛里看到一种别的东西，这种东西类似摧毁人自尊心的轻视，B当然不肯认输，前前后后努力了将近三年，其间他做的事一样没少——买房买车。可是最后还得像一个天生有缺陷的人一样面对世俗的镜头，我称他为前世欠的。但我是挺欣赏他的，才华横溢，为人真诚，生活讲究，跟他一起活在精神世界的领域里，根本不会有空虚寂寞冷的感觉。

说了那么多，还是不得不遗憾地宣布，B与姑娘的婚期遥遥无期。

说到配得上的婚恋问题，有一位哥哥曾将这样的例子拿来问我，他说："假如你的女儿爱上了上述的B，你会同意把女儿嫁给那样一个没有稳定生活的人吗？"我愣了愣笑了，首先我觉得这是一个自以为是的问题，人们总是拿自己的要求来衡量别人，美其名曰是随大流。可真相是：人的幸福不是大众能决定的。就像这世界上没有一对恋人分手的原因是雷同的，配得上让爱情变得不堪一击。如果没有精神生活，那么牵手会比孤独更幸福吗？不见得。

我给他的答案是，我深爱我的子女，但我想做一个平凡的人，而不是一个平庸的人，不对抗全世界，只是想给下一代的婚恋留一点儿尊严。

遗憾中的遗憾，我还是未能逃得过中国式“配得上”的怪圈，但这完全不妨碍我们从另一个角度去看待这三个字，配得上其实就是上进、努力和不甘平庸的热血，只有努力我们才能配得上同样的一个人，这样的幸福构成才是完美的。

但不乐观的是，往往读万卷书的人没有行过万里路，而走过万里路的人又不懂万卷书，好尴尬！

经常在一些专栏里看到告诫读者的金句：不要在情绪高涨或者低落的时候做决定，因为冲动是魔鬼。的确，这话简直如同魔咒，越不相信越尴尬到底。可是越来越多的例子也在证实一个现象：冲动是魔鬼，不冲动就是地狱。

除了一些天生的情圣外，想必大多数谈情说爱的人都经历过这样一个难过的经历，那就是死心塌地地爱着一个人，请注意是死心塌地，这四个字基本上已经交代了这对恋人的爱情关系——表面你主动，其实你被动，你掏心掏肺。明明是个幽默可爱的人，为了让她觉得你稳重有男人味，穿西服，绅士优雅，连喝口水都要注意声音的大小，遇到大大小小的节日，更是周全得如同计算机的芯片。明明情商很高，知道谁先开口谁先死的定律，但你想在万分之一的成功率下赌运气，终于有一天你冲动之下表白了。没有意外，你失败了，一边大口舒气一边心痛难挨，你开始谩骂自己太不理智。请允许我告诉你真相，你左脑空失的那一部分：她觉得你压根儿就不合适，知道你不是她所需要的那一类，但她陷入在你的照顾与虚荣中难以自拔，最后她等你开口那一刻就觉得你十分贬值，魅力全无。这样的真相你一开始就知道，但显然你选择视而不见。这件事从感性上说，你失恋了，掏心掏肺最终变得十分的卑微，自信全无；从理性上说，你以最快的速度结束了最坏的决定。悬崖勒马就是这个道理。

如果为了换得对方的认同而把自己看清，那么在对方眼里你何曾能够重起来？你把自尊跌进尘埃，只会变得灰头土脸。那只原本平凡的手在你粗糙的意识中变得更加遥不可及，你让彼此间的缘分越来越远，直到几乎看不清了，才想到奋勇直追，想一下子牢牢抓住。于是你冲动了，可是距离那么远，你无法成功。但是这一路上练就的本领造就了下一个看到你光芒的人，于是你之前的冲动成了天使。你灰头土脸，三分狼狈，七分暗喜，十分感谢当初那个盲目却又十分勇敢的自己。

说到底，爱情里没有付出这回事，听过冲动之下的月老牵线，鲜少听过冲动之下的水到渠成。那些因被感动而成为恋人进而步入婚姻的，在枯燥平淡的生活中才知道连吵吵闹闹的日子也是求之不得的事。

我之前从来没买过彩票，但每次路过彩票站点都会心痒痒，终于有一天冲动之下跑进去，以不菲的金额买了数十张，虽然知道刮开后失望必然大于希望，但那种好奇的心魔消失了，从此相信工作努力多赚的一分钱都是珍贵的，电视里那些一夜暴富的传说作为茶余饭后的谈资更合适。就像我的异性朋友说的，从来不觉得自己适合染头发，从来不觉得肥胖的身材可以穿得下长裙，从来不觉得歌厅真的可以让人发泄情绪。但突然有一天，热血沸腾，脑子似乎被莫名的雷电击中，染了当年最流行的发色，对着镜子粲然一笑，才知道原来自己也曾青春过。冲进商场买下最时髦的落地长裙，迎着街上路人的各种眼光走进家中，她的爱人也惊讶到不可思议，赶紧用相机拍下她最自信的那一刻。而第二天她又规规矩矩地上班，不过看到那张火爆到咂舌的照片时暗喜得不能自已，才知道人生也可以少些遗憾。累到全身乏力，不想听大道理，不想找人倾诉，不想做自己，一头扎进人潮汹涌的舞池里疯狂地扭动，号叫到声音嘶哑，坐下来一口气喝下一瓶伏特加，脑子晕到失去理智，第二天醒来一身疲惫却内心轻松，从此对生活有了全新的认识，不喜欢但却难得一次成为撒野的小青年。

书上说：论世事，七分靠打拼，三分靠天意。在我看来，三分靠勇气，七分靠运气。但据说每个人一生中都有七分运气，但为什么会参差不齐，是因为那三分勇气来临时，未必

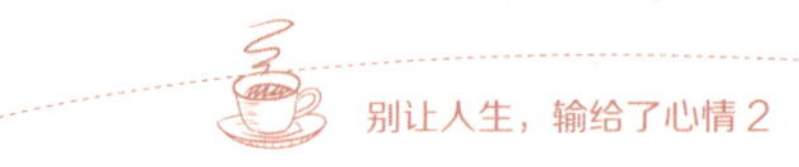

赶得上运气；七分运气赶到时，三分勇气恰恰又欠点儿火候。

于是人们更相信七分靠打拼，三分靠天意，因为冲动之下的不懈打拼，才不枉运气终于来一场。

05

节日自救指南

据不完全统计，近年有不少的人不喜欢过节，具体原因兹不赘述。

最近和一个朋友喝下午茶，他说他睡眠不好，总做噩梦，场景不外乎高考没能按时交卷；赤身裸体暴露在熟悉人围成的圈里；被人追杀、丢钱、捡钱、迷路；没来由地哭泣和疯笑。最后，还十分郑重地告诉我最让他头痛的噩梦竟是春节、情人节、圣诞节，甚至还有自己的生日。

他不说我亦猜出十之八九，他故事的典型性可以用来做电影素材，也可以顺手写出一个节日惶恐清单。他说每年年底，思乡之情漫溢双眼，买了大批的礼物回家过春节，但刚一到家就被各种催婚的声音包围：年龄不小了，邻家同龄的人都有孩子了，你不会考虑家里帮你张罗相亲吧？你怎么一点儿也不着急呢？你不会不知道当下男女比例严重失调吧？诸如此类。他快被逼疯了，就把自己锁在房间里，除夕那天一个人度日如年，外面的爆竹声响越大心越痛，感觉人生之低落已至谷底。这还不算，除了双亲，亲朋好友还会再重复一遍。对亲近的人可以说“您能不能别啰唆了”，但对随性而问的亲友只能沉默以对，场面一时尴尬到无地自容。如果仅仅是这些，倒还不算太坏，被迫给压岁钱才更郁闷。明明自己还没长大，却成了嘱咐别人要珍惜童年的碎嘴婆。再翻翻幼时的照片，看看以前的日记，那种苍老感简直如同受虐，好好的一个春节就这样过成了精神炼狱。虽然朋友委屈成那样了，倒也处理得干净利落，十个相亲的局去了一次，然后草草地画上句号，理由给得也充分，总算挨过了初一。大多数大龄青年不结婚的原因无非两点：一是性情的问题，这是先天的，暂且不提；再者就是心里住着一个“未亡人”。我的朋友也是，薪水不低，人也精神，跟我这等唠叨的人也能聊到一起，但他一直抵触婚恋，只因为大学毕业前分手的一个姑娘。

缘分要多稀奇就有多稀奇，那个将他所有账号拉黑的心仪姑娘再次申请加他为好友，上来就一堆蜜糖似的慰问。朋友瞬间失去理智，韩剧剧情纷至沓来，他们竟然有重归于好的可能。那几天朋友几乎要为结婚做最充分的准备。而我自始至终觉得事情蹊跷，有三分钟的一见钟情，因为神秘可以让人赴汤蹈火，但三分钟的破镜重圆，就不那么容易理解了。因为至少要所有的问题都解决了，才可以重新刷新感情。

直到一个月后，再见到朋友时才得知剧情急转直下。朋友的愤怒无常让我看到一个在恋爱面前受挫男子的窘态。他想哭又觉得难堪，可是憋在心里又不符合他的性情，我劝他：男人哭吧不是罪。朋友告诉我说，姑娘的复合也是春节惹的祸，她的父母逼她相亲，可是她又不喜欢对方，于是在上述的春节效应下姑娘终于举手投降了，可是不甘心的她找到了疗伤的方法——联系了我朋友。下面的剧情几乎是陈奕迅演唱的《红玫瑰》的团圆版，可是姑娘并不是真心实意来复合的，终于在朋友的催婚下露出了本来的面目，游戏就这样再次结束。

仔细想想似乎是节日惹的祸，但爱情定律是：分开了就不要再继续了。时间成本和心理复原成本太大了，暖热了手暖不热对方的心，因为早已没有了当时的月亮。好聚好散，最好连朋友也别做，谁主动谁罪恶，给对方一条生路，也是给自己一条生路，也让节日有了本来的面目。

时代高速发展，人却变得越来越孤单，所以需要节日。可是情人节来了，落单路上的烟花像是心碎的颜色，有情人的买不起昂贵的演唱会门票，浪漫无从谈起；愚人节来了，被愚弄的人觉得垂头丧气，连节日都欺负我，制造恶作剧的才懂得恶作剧的面具下是一双空虚的流泪的眼睛。更可气的是生硬不搭的圣诞节，打着圣诞老人给礼物的旗号重新过一次情人节，可是指环不能戴两次，散步的马路始终比不上校园的温馨，货架上的巧克力容易买下却没有当初存钱买下的香甜。最后才知道连父亲节和母亲节也成了巨大的讽刺，因为“爸爸/妈妈我爱你”不是在他/她需要的时候脱口而出，必然悲凉得无话可说。

你走了太多的路，赚了太多的钱，忙得全世界都为你欢呼，父母却只希望你给他们一个拥抱。但抱歉，你只能恭听他们的唠叨。那么春节与你无关，请自怜。

06

疗伤有效要眼泪干什么

逝去的阿桑曾演唱过一首歌：孤单是一个人的狂欢，狂欢是一群人的孤单。很多人对它的理解是，与其痛不欲生，唱歌、泡吧、看电影也能将坏情绪统统扫去，总比在家里孤枕难眠要潇洒干脆。可是真相是：痛苦催生狂热，死于静默，大脑皮层受的刺激越严重，越要接受冷却下来的空虚。一句话概括就是，痛苦是谣言，越描越黑。

搞创作的人情绪通常波动较大，写得好恨不能让读者第一时间看到，但总有一天也会因为没有了灵感而逼疯自己。写得不好更可恨，一遍一遍地推翻，最后面目全非的不是文字，而是下笔之前的热情。跑出去玩耍，以为回来后会文思泉涌，殊不知越耍越散漫，痛苦也是写作必有的状态，逃是逃不掉的。

我面对痛苦的日子时，也试过找人疗伤。比如大学时期失恋了，会跟朋友通宵聊感情，酒喝干了，话说尽了，也能看得出朋友掏心掏肺了。朋友劝导的话多是：别难过，旧爱需要新欢来替代，应该庆幸啊……别想了，越想越乱，她配不上你，我早就看出来了……失恋是事业进步的阶梯，你要抓住向前跑的步伐啊……

遗憾的是，我觉得他们说的全都对，可真这么想却又满不是那么回事，旧的去了新的会来不假，可是手上牵的是新人，但手中的余温还是旧人的。再说“她配不上你”这种话，一旦当真，那就是甩自己大嘴巴子，如果感情可以用匹配来衡量，那当初的我们为什么又会相爱？匹配的婚姻是交换，跟爱情无关。最后要辩驳的是，那种几乎不要脸式的复合。女人是容易被感动的动物，也是最喜欢记仇的动物。感情成为镜子，照得出你的本相，摔破时重新黏合也能让你时时看到伤疤。说来说去，分手一定有其原因，而感情上导致分手的原因大多是致命的，能解决衣食住行等实际生活问题，不见得能解决误会和敏感。

所以，最后我发现这些都不适合我，而最终的状态是，该痛的一样少不了，能用来疗伤的也只有时间这剂良药了。只是换了一个故事的背景和几首情歌，说起来也会觉得人生不浅薄，发生的都是注定的，这何尝不是一种幸运。

再说事业和生活，事业上没经历过波折和打击的那应该是天使，不摔破几次头是难以看清楚路的样子，也不会懂得脚踏实地。去游玩，一路上好山好水都打了折扣，看着别人都是笑脸盈盈，而自己的心情却像抹上了一层灰，不想把美景变成心头的一根毒针，那就等心情好的时候再去游玩。不如回到家中好好整理资料，找出失败的原因，只要还有一丝希望就要坚持，愈痛愈顽强说起来很苦闷，但真比得上很多刻意的良方。

对我来说生活就是家庭。我是一个家庭观念很重的人，除了经营自己的小家，家里的亲人也是我重点关注的。2016年爸爸肺叶上发现小结节，曾经生龙活虎的一个人突然被宣告了一个不太理想的结果，让人着实受不了。雪上加霜的是，妈妈也赶节骨眼出现心跳紊乱。那段时间，我和姐姐都是整夜失眠，那种情绪低落是难以承受的，除了给两位老人治疗，还要调节内心安慰自己，不出乱子。我曾试着跟最好的朋友诉苦，朋友的安慰让我心情好受点儿，可是治标不治本，挂了电话，心又被揪了起来。一个月后，情况总算好转，父亲的病没有想象中的严重，而母亲也通过中医调理脸色见好，一家人总算再次见到了阳光。

后来我想了想这一路是怎么过来的，是靠安慰，靠坚强，靠找人倾诉疗伤？似乎都不是，而是一种慢慢地和自我交谈的本领，慢慢地说服自己在痛苦中看到一丝希望。而通常情况下，亲情是相对的，你好我才能好，多给一些拥抱和鼓励，就能胜过仙草灵丹了，好比一句俗话：陪伴才是最长情的告白。

人活世上，痛苦是常态，人人都是这么过来的，况且大脑是用来思考的，想太多纷纷扰扰、爱恨情仇未免有点儿大材小用。

我猜想世人说苦尽甘来的意思大概就是无痛无爱的境界吧。

07 认真的人只错一次

最近看到英国的一句名言：认真的人只错一次。

这句名言让我想到，许多道理硬说出来会显得无理和偏颇。比如，工作机会不重要、技能不重要，重要的是认真。怎么样，够虚头巴脑的吧？还比如，感情讨好不重要，缘分不重要，重要的是认真。怎么样，说起来够华而不实吧？

先说工作。如果手头的细节越做越快乐，自然对事业也越来越热爱，此时很难不跟毫厘的谬误较真，但认真起来会拖累大家一起加班。没办法，不再相信擅长和天赋，连“无他，但手熟尔”也觉得只是卖油翁用来训练人意志的说辞。最终还是要亲自上手，每一帧细致监督，才不会事后捶胸顿足，埋怨自己挺大的人还不够成熟。如此看来，中年人的耐力大概是由认真累积而成的，非要说有被迫的成分，那就唯有输不起了。但从美的角度看，认真的人其魅力是无限的，连抽烟的样子都被描述成了“写字的鲁迅”“端枪的周润发”。可是我不建议一上来就跟备考的孩子说你要认真，你要奋力，你要回报父母长年累月付出的心血，更有甚者靠打骂来促使孩子脱胎换骨，这样的后果大概会使人误解“认真”二字的真正含义。但如果你跟他说，你认真起来简直迷倒了班里的同学，字端正又有特点，从面相上看活脱脱的未来高等学府的高材生，而你要做的不过是工整地完成眼前的一切。那么你再看他的积极性，说不定还真的摇身一变成为势如破竹的人。

而认真的人只错一次，倒让我想到人犯错误的规律，竭尽全力要完成的通常不会太难，因为你会无数次试错，最终知易行难的是那些看似简单的错误，会重复错。每一个考取机动车驾驶证的人都面临过科目一的考试，笔试题目不多也不难，但补考的人的追悔怨言一般都是：哎哟，这道题我错过一次，改了几次还是没有修正过来。于是对于“成功”二字的追求，我认为错一次的人会比较省时省力。

但说到感情，我不是情圣，也没有什么妙方可以让人一夜之间获得爱人的芳心。太多苦追心欢几载却双手空空的男男女女，多数逃不出一个“轴”字，爱情本为你情我愿，轻松比浪漫更重要。感情是你退我进、你进我退的游戏，有时并非对方不在乎你，你给予得太多，进攻得太猛烈，多少让人觉得没有安全感。善意者会委婉地拒绝你的邀请，给你摊开底牌，迅速结束这段关系，好歹让你尽快脱离苦海。刻薄者会逐渐把你看轻，利用你的付出满足内心的虚荣感，等到你把能够付出的全部拱手让出，那时对方会为你编排一大堆莫须有的缺点，偏激的语言足可以摧毁你仅有的自信。如果太认真，失掉自我，那应该如何在这段关系中重新建立自我？如何取得对方的尊重？相互欣赏说来已经太世俗，可是感情就像生活的调料，要你吃一道没有味道的菜肴，倒不如重新换上一道菜，只是可惜了准备已久的食材，但这样总好过消化生活带来长久的耿耿于怀。

此认真非彼认真，说了太多的大道理，人依旧喜欢独特的事物，热爱天才，痴迷英雄，热衷讨论奇葩事物，追求一夜暴富。认真看起来只配赠给那些愚钝的人，可是随着见识的加深，阅历的广阔，人们会慢慢地接受“笨拙”二字。并非是不喜欢四两拨千斤的奇迹，只是看多了《红楼梦》，觉得沉浮太过无常，踏实认真也许会身心交瘁，但好过于追悔莫及。好在还有“情有独钟”和“非你不可”八个字，才给言情小说留了一个卖弄的入口，给欲望重的人一个发泄的出口。但说一千道一万，坦诚与坦诚的人，才会有浪漫；尖刻与尖刻的人，才会有适合。连牵手都觉得手掌不够暖，可曾想过内心也是如此冷冰冰……

08

人拥有什么就得服侍什么

你是羡慕快乐的人还是羡慕巨富的人？抑或羡慕既快乐又巨富的人？想必多数人会选择第三种。抱歉，第三种不存在。那么选择第二种好了，在明亮宽阔的会客厅里唉声叹气也比在逼仄喧闹的筒子楼出租房里有情调。有欲望的人，总是打着最终快乐的旗号去追求金钱，只要够理性，总有一日会达成愿望。但那时才发觉，在歌厅里拼命嘶吼《我要快乐》却唱不出当年卡带里的自然和放松，可多数人尽管失落也不能委屈，于是流着泪唱完这首歌曲，回家再继续重复理性的自己。

做编剧这一行大有吃了上顿没下顿、半年不开门开门吃半年的不稳定因素，好在落个偏文艺的好名声之余，也能见到三教九流的人物。影视业能形象地体现贫富差距形势的严峻，彼时曾遇见过一些大腕明星和身价不菲的投资商。和大多数虚荣心重的从业人员不同的是，我起初怀着一种探索人性的美好愿望与这些人交往。这样说有点儿冠冕堂皇，但委实在短短的几年内我看到此类所谓上流社会人物身上的属性，明白了不同角色在人生的舞台上如何取舍和维持。唯一难堪的是，每每遇到平凡岗位的亲朋好友追问银幕之外的名人生活，我几乎不知道从何说起。通常的做法是神秘一愣，继而一笑，先说难道我不是名人吗？插科打诨后，我也会跟他们说，其实生活都差不多，角色不同而已，而且了解了真相未必就喜欢真相。就像做编剧的人，几乎亲手抹杀掉自己当初疯狂追剧的热忱，老老实实地去追星，在幻想里获得好心情。况且，即便你知道了真相，也不过是人人皆为拥有什么就得拼命服侍什么的恶循环。

比如你穿惯了名牌服饰，就很难去适应其他的平价衣物，于是你就要为换季还能穿得上这些名牌而不懈地拼搏。说一千道一万，你要给自己曾经一手建造的生活继续装扮和美化，一旦丢弃，似乎就找不到自我了。尽管你初心并非如此，可有时并非生活框住了你，而是你框住了生活。这样看来，那些急流勇退的人不免让人肃然起敬，在银幕前尽力鼓掌比迎合掌声去笑要难多了，在此种落差中保持平衡的能力非常人所及。

亿万富豪在英年早逝前还在关心股票，操劳董事会的变动，为几十盆兰花浇水施肥，给宠物洗澡更衣，把旗下财产巨细分配给子孙，却一次次对疾病的侵蚀视而不见。他们认为耽误最佳治病时机没关系，一旦误了眼前的生活便觉得生不如死。活到这样的境界，真的不知道是该用成功的楷模还是用生活的奴隶来形容。每个人都有心魔，年轻时欲望很重，以为金钱可以解决一切，拥有金钱后又拼命地为金钱做力不从心的服务，但金钱可以解决的问题未必是问题，金钱可以改变观念，未必能买来睡意。而古今中外有多少叱咤风云的天才荒唐地死在“熬夜”二字上。我不反对竭尽全力地做自己喜欢的事情，但底线是你要有节制地按下暂停键。

拥有多少就要服侍多少，也大可拥有多少就权衡多少，一旦力不从心便舍弃，人活着难免起起伏伏得失错落，又不是没有经过一穷二白的处境，回头想想走过的路，每个人都应该是生活的智者。

09

浪费掉的时光并非没价值

最近看过一篇文章叫作《读大学有没有用》，内容是一位名校教授的讲座稿，他探讨了读大学到底有没有用这个问题。在这许多人为金钱痴狂的时代，读四年本科三年硕士，有些人毕了业工资还没一个焊工高。那么知识到底只是装扮虚荣心，还是顺应时代潮流稀里糊涂做的一个荒唐的梦，这位教授说得干脆利索："人生分为有用的维度和无用的维度，它就像一只鸟儿一样，是两个翅膀，缺了哪一个翅膀，都飞不高，而且会飞得很累。像美国的常青藤大学，耶鲁和普林斯顿，他们主攻的是历史、政治，等等，这些看起来假大空的专业却培养出世界上最精英的人才，所以要珍惜无用维度的时光，有责任地为人类做些力所能及的贡献。”

这位教授的讲座可圈可点，和我目前的三观吻合。看这篇文章的时候恰逢春节，一些亲友的孩子过早地辍学去追求物质让我头疼，于是脑子一热写了一段话：“亦舒说只有读过大学的人才有资格说读大学没有用，同样，只有在首都打拼过的人才有资格说我是‘北漂’，我们学过数理化，读过名著和艺术，如今能记住的寥寥无几，这些知识有用吗？我们那些虚耗的时光是不是很可惜？抱歉，举个不恰当的例子，我们每天都吃饭，却记不住昨天吃过什么，去年吃过什么，但可以肯定的是，它们已经成了我们的骨骼和血肉。”

这样的探讨不仅是关于上大学这个问题。最近有一位好友失恋了，明明是惜时如金的人，顶不住失恋排山倒海的侵袭，最终每天活在听苦情歌、喝烈酒诉苦、疯狂沉睡的烂状态中，不知不觉过了小半年。有一天，他在我面前突然大哭决堤，我以为他又相思成灾旧病复发，随即按下手机播放器里的播放键，扬声器里传来陈奕迅的歌曲《失恋太少》。他立即让我停住，说不是这个，原来他意识到自己荒废了那么久的时间，心中一百万个罪过，说着就拿起手机去谈工作。我立即夺过他的手机扔到一边，大声训斥他。我明白他此时的心情，可是他在悲伤的情绪中去做事情，只会越做越差，如此就会越来越怀疑自己。失恋很可怕，可在失恋中虚耗掉的时光并非浪费。先不谈效率的问题，很难想象你是如何在尖锐的现实中去强迫伤痕累累的心灵与自己相处，因为你很拼命地不让自己委屈，却一再用错误的方式伤害自己，那么委屈就变成了后悔，而后悔又会再次感觉委屈，恶性循环几乎会吞噬整个人。

这样看来，你喝掉了太多威士忌，酒醒后会很痛，但你终于明白爱情和酒水一样能够麻醉人，醒来后眼前的一切都是空的，真实的是自己不开心，但即便这样，这个不开心的自己是真实的。你听了太多的苦情歌，越听越是相信只有她为你做了更多，她才是你爱情里的最佳主角。但可惜的是，那是你自以为是，她不过是凡夫俗子，说不定一捧玫瑰就会原谅你犯下的所有错，也许你的一个谎言又让她怀疑你的所有。所以，情歌不可靠，那是用来陶冶情操的工具，与恋爱无关。而那永远醒不了的死睡状态也拯救不了你，醒来床单的花纹依然新鲜，枕边依然少一个人，你会越睡越爱回忆，像一个深不见底的泥潭。

没关系，这些看似荒唐的行为其实都是在拯救你，我深爱造物主那双手，饿了我们会去找寻食物，渴了我们会想念汩汩的甘泉，痛了我们会找寻疗伤的解药，累了我们会需要一张床和一个温暖的拥抱。同样，失恋了，你会做一些不可思议的蠢事，那也是你的身体在寻找出口，在终于走出黑暗的巢穴重见光明时，你会明白那跌跌撞撞的一路并非白走。

浪费掉的时光并非没价值，谁说生命在于运动？谁说生命在于奋斗？谁说生命在于对抗孤独？谁说没有你我不能活？

谁说人生太短暂，分秒必争？收一收你的励志片宣言，走走停停，你会明白泪水浸过的眼睛会看得更清楚，你会明白停止工作的大脑会重生嫩芽，谁喊停谁扫兴，请给那个叫作你的人喘口气、说一说心里话的机会。

10

如何定义属于你的风格

先说一个例子，本人厚着脸皮说是创作型人才，身边接触的大抵除了作家、编剧，还有音乐人、导演，等等。有一个朋友是属于触类旁通型的，这大概是上帝赐予的别人羡慕不来的本领，可偏偏这本领多了个附加值，就是他在学习或者模仿别人时总是信手拈来，唱歌像张学友，写歌像汪峰，写字像鲁迅，平时的行事作风像蔡康永。这就糟了，他显然不知道自己的风格是什么，学得来却学不深。有段时间我跟他说过这个问题，他也平心接受了。学别人谈不上先进，即便你学的人下个月会很红，那么你也逃不掉被嫌弃的风险，因为创作不是时髦，追逐流行那是粉丝的专业。直到有一次他告诉我，他似乎明白了，他说别人写过的词、谱过的曲、用过的观点和句子都不能再用，这个时代几乎是三个月一个更替，太可怕了，要根据自己的感受写当前的生活，所谓流行都是这么来的。这大概是明白了一些天机，或者说跌够了跟头，再见到他时他已经小有名气了。

如果说上述例子过于浅显，那么之前林心如妈妈的事例则恰好对题。我不是一个八卦的人，知道娱乐圈的新闻有真有假，但这次莫名觉得这事不管是真是假，都具有教育意义，所以拿出来仅供参考。事情的缘由是那句：离婚，就是因为爸爸向妈妈的兰花盆里弹烟灰。一个注重修养、生活精致的美人，遇到一个可供她锦衣玉食一辈子的男子，这在世俗人眼里是恰好不过了，但生活不是你有了巨大的浴室，就可以不爱洗澡；不是你有了高级定制的衣柜，就可以衣服、袜子随地乱扔；

不是你买得来山珍海味，就可以吃饭狼吞虎咽；不是你日理万机，就没空陪身边的人；不是你要记的事务太多，就记不住她的生日、纪念日……这些在有些人看来是无关紧要的，狂妄地以为钱可以解决一切，但不是所有事钱都能解决。比如品位、幸福感、安全感，这也难怪最终林心如的妈妈给自己婚姻结束的一个解释是：希望你能理解妈妈，一辈子太长了。如果当你对幸福有了自己的定义，当此刻的生活与定义中的幸福大相径庭时，就应该勇敢地做出改变，就如同扭转那黑白颠倒的作息。有人可以黑白颠倒地睡在一个喜欢的人身边一时，但抱歉，没有人可以这样一世。

还好林妈妈的运气不错，在相信一定有人能懂自己的过程中，等来了一个干净清爽、笑起来很温和的男子。他可以为她的花花草草换上漂亮的花盆，给她新买的淡绿格子桌布配上新的盘子碗筷，为她的红色连衣裙选一双乳白色方跟的皮鞋，给心如用铁环勾着的几把钥匙换上漂亮的钥匙扣。他会拉着她的手一起去江边散步，看夕阳和日出；去湿地公园拍摄花鸟，告诉她每一种植物的名字和故事；带回几根掉落的树枝，回家后插在古朴的花瓶里，摆在心如的书桌上。她热爱研究菜谱，每次当她隆重推出新菜时，他会拉着心如一起漱好口、衣着整齐地端坐在餐桌前，仿佛美食家一样在她期待的眼神中从色香味开始点评，逗得她咯咯直笑。

这样的幸福，对于不懂的人会定义为矫情，因为大多数人是在安居但非乐业中自得其乐。所以，别人眼中的幸福蜜糖，在你这里或许就成了灾祸砒霜，因为你清楚地知道，眼睛揉不得沙子并不是偏执，那是压力重重的生活中唯一的底线。

为了追求你，我努力地成为那个严谨风格化的自己，当有一天我终于成了那样的人，你突然放下底线反过来主动追求我，我应该为你的勇敢而惭愧，还是为当初的自己叫好？

11

鼓励解压，何必解压

娱乐圈是个两极分化较明显的行业，除了圈粉、头条、蹿红、过气，就剩下忧郁和解压了。

几乎每年都会有演艺明星因忧郁症而自杀的新闻，该数据增长之快令人畏惧。每年的愚人节，自媒体上总有粉丝悼念已故明星张国荣，然而在各种呼唤声中似乎大多数人更关心的是张国荣生前的辉煌，至于他是如何沾上忧郁，又是如何解压则鲜有人提及。当然，明星们的解压方式有很多种，越来越红，越红越忙，忙到顾不上私生活，也就不知道什么叫压力和忧郁了，只剩下反复的转场和适时的变脸。但这个行业不明因素可谓各行业之首，红了就会有人抹黑你，红到发紫就会接近过气，所以大多数明星还是要学会怎样成为一个普通人。

而普通人并非易做，努力工作，工作满分才能发光，发光才能顺利追到异性，追到异性才算是真正拥有幸福感，可是多数情况此顺序会颠倒。工作不顺却想追到异性，追到异性又觉得工作大于感情，有了异性又发现幸福感减半。更有甚者，除了感情潦草就是一个近乎完美的人。好一个折腾的人生。继续往下推，好不容易告别单身的日子，成为一个有家室的人，继续努力工作，工作满分才能获得幸福感，有了幸福感感情才能持久，持久的感情才能让生活不单调……良性循环下去。奈何苦衷也不少，工作满分觉得幸福感是路上别人的微笑和拥抱，同自己无关，于是怀疑幸福感，怀疑幸福感就会株连感情，感情不好生活就会混乱，混乱的生活很难让工作满分。如此下去，压力只会呈几何级数增长，解压无疑望尘莫及。

但我相信我们大多数人并非如此狼狈，一如卓别林的话：用特写镜头看生活，生活是一个悲剧，但用长镜头看生活，生活就是一部喜剧。开不开心，别人无权发言，内心的明镜台是干净抑或蒙尘，醒来那一刻最有自知之明。撇开喜剧还是悲剧不谈，人活着，压力总会有的。解压如果化为生活的一道工序来看，我们应该每年旅行一次，读10本想读的书，看20部想看的热门电影，养一只可爱的宠物，培植一些绿色盆景，做一些力所能及帮助他人的事情。乍一看，时间紧迫可能无法完成，但确实很有必要。我个人最讨厌某些励志文字说时间是金钱，分秒必争，压力就是动力……我相信，我们一生的时间不必像挤海绵里的水一样那样费力。如果有规划地生活，时间是充裕的，在空闲下来的角落里，你会触摸到生命本来的色彩，压力反弹成了助力，拼命解压最终归为“无为”二字。

我始终认为压力的悲剧在于时间太充裕造成的生活混乱，于是顶着“压力山大”的借口，很多人才会拼命地去健身房，去看书，去听音乐，去各种社交平台聊天，去搓麻将。我不认为这些行为是有问题的，但如果行为本身只是为了打发时间，那么这是一种依赖的病态。

我相信你去健身房，很大一部分原因是因为你觉得身材美是一种享受，吸引眼球是生活的一道爽口小菜；看书可能是缘于你想要博古通今，除了当下，你想与更广阔的世界对话，从故事中明白人性，获得丰足后的泰然。同样，听音乐，我觉得音乐跟放松无关，它能使人的感情更细腻真实，释放出人最热烈的一面。所以，解压从来不是一件非要去做的事情，因为生活有两只手，一只手带着你披荆斩棘，勇往直前；一只手带着你闲云野鹤，率性而为，而种种所谓的放松手段都是你的那只与生俱来必须伸出的手。

所以，尽情解压，无须刻意解压。

12

为彼时的梦想止蚀

丁尼生说："梦想只要能持久，就能成为现实。我们不就是生活在梦想中的吗？"

这句话有两种解释：第一种是说我们生活在梦想中，只要够执着、不放弃，梦想就能成为现实；第二种是反过来看，梦想一旦少了"物料"，就不会成为现实。

以上两种说法都有道理。

然而，人们在年少时都容易在脑海中勾勒出不切实际的蓝图，并为此执着不休，待到少年心变成老年身，才醒悟踏入“歧途”已久，以致悔不当初。正所谓：男怕入错行，女怕嫁错郎。入错行，唱歌的去修车会毁掉一个猫王，拍电影的去拧螺丝会错过一个张艺谋……不对路的劳务会吞噬掉原本少得可怜的人生乐趣；而嫁错郎的姑娘基本上是跟美好划开界限，终日生活在深不见底的地穴中。

如此，仿佛将“梦想”列为高校必修课也未尝不可，因为相比较，初、中等教育传授培养学生基础知识和技能，高等教育促成学生毕业之后选对职业道路更为至关重要。

可是什么样的路才算对的？

你擅长写作就去当作家，当你码过千百万个字，到头来才发现当初的文学梦和市场毫无关系，索性扔掉笔杆，去做一个愤青，犀利的言论让你从故事类作家摇身一变成为时事评论家。这未尝不是命运的调节。

你喜欢建房子，读了几年的建筑学画了上百幅图纸，到后来才发现建的房子都不是自己喜欢的，不合自己心意的作品如何赢得别人的夸赞？索性扔掉米尺、忘掉数字，拿起马克笔画起了风景。若干年后卖着定价虽然大众、品位却不低的画册，活得欣欣向荣。这未尝不是命运的指使。

你只想好好爱一个人，温馨体贴地呵护，无微不至地陪伴，最终七年之痒却使婚姻大厦轰然坍塌。你心灰意冷，决定不再为别人而活。没承想此举让对方认识到你的重要性，重新开启“交友模式”，原本不对等的婚姻关系竟成了相知相遇的知己关系——和心爱的人对酒当歌也算得上是人生一大乐事。这未尝不是命运的安排。

所以，最身不由己的是你，明明胃痛，却想吃一碗泡面，泡好了才发觉已没有了胃口，只好倒掉重新为自己做一份合乎胃口的食物。这也不算太坏，因为至少最后你还是吃到了合乎胃口的食物，那么之前体味的酸甜苦辣也算是别样的美丽。

可见命运充满变数，为自己喜欢的事物活着并非一句坚持就能满意交卷的，不是付出加忍耐和时间就能如计算器一样精算出最末尾的数字。就像彼时的我，读书那年想着以后进入社会好歹找一份工作就行了，毕业后才发现这样的生活很苦闷。如果一份随随便便的工作让自己很苦闷，那活着的意义就会大打折扣，于是想着找一份多多少少有一些乐趣的工作。但残酷的是，只要带上“工作”二字，拿到的薪水越高代表痛苦程度越深。算了，再妥协一步：三分之一的时间交给无奈的工作，三分之二的时间用来享受人生。事实证明，我还是太天真。

不过单就付出与收获而言，公平是相对的，连睡眠都会在你认为舒适的环境下罢工。所以，所谓完美生活也只能在许巍的同名歌曲中实现了，实在是再美美不过想象，惆怅之情说来就来，真应了李白那句诗：欲渡黄河冰塞川，将登太行雪满山。

说到底，人生苦闷是常态，能怀有梦想并最终实现的人，该是一辈子修来的福气。反过来说，稍有不慎，时运不济或才华尚佳但就是与当初所想南辕北辙，也没什么好抱怨的，要自问是否快乐，失败的同时是否看透其中的乐趣。如能看透，就属境界提升，那么由此降低标准、减少代价、重新选择新旅程，也未必不风光。

彼时的梦想交给彼时，等到流金岁月一过，当下的快乐才千金不换。

13

你的眼神是你生活的模样

有人说，男人的品位看鞋子，女人的品位看提包。鞋子昂贵，干净有光泽，说明该男人过得富裕有质感；女人的包若是名牌且款式新颖，又能与衣服完美搭配，说明此女人阔绰高贵有内涵。

不过我觉得鞋子和提包都是生活的表象，眼神才会暴露生活的真相。

说到眼神，我想到大学时期的一名女同学。那时的她衣着鲜丽，端庄优雅，聪明智慧，上帝似乎有意将她打造成美丽的楷模。那时的她走到哪里都引人注目，不单单是男生的目光，连女生的目光也被她牵动。而我觉得她吸引人的不是身材，不是气质，也不是恰到好处的交流，而是那双会说话的眼睛。她的眼神让我读出她的自信，她的善良，以及她对待世界的态度。有一段时间，我像一个等待给故事收尾的小说家，静候姑娘最终会爱上一个什么样的男人，来给上帝一个“配得上”的回馈。

说来也巧，快要毕业的那年她跟一个家境潦倒的男子谈起恋爱，虽然两人情投意合，但传言说双方父母都持反对态度。也是，现实生活中认为婚姻就应该建立在门当户对基础上的人不在少数，完美爱情只是童话故事里虚构的桥段。

然而，姑娘选择跟男子在一起。她的眼神让我看到除了美丽和智慧，还有对感情的投入和坚守。

一晃三年过去了，毕业聚会那天我再次见到了她。没意外她跟他结婚了，但令我惊讶的是我没有找到当初的那位姑娘。

她变了，身材依然不错，气质优雅如故，但眼睛不时流露出迟疑和羸弱神色，眼袋告诉我她的睡眠不足。举杯的那一刻，我从她的眼神里读出了她对这个世界的畏惧和警惕。

回去之后我跟朋友聊天，为姑娘感到惋惜，明明那么好的条件，为什么当初要选择那样的安排？我想自己大概再也看不到大学时她的那种眼神了。真是足够写一个美丽的忧伤故事了。

我开始不再期待这样的故事再继续下去，姑娘的美好形象在我脑海中慢慢地变得稀薄。

没想到再见到姑娘是五年后。她已是两个孩子的母亲，身材有些发福，皮肤有些松弛，往日的光鲜退逝了。我不敢看她的眼睛，怕会失望。我想象她是如何在逼仄的房间里照顾孩子和操持整个家，为柴米油盐变得斤斤计较，几乎每个深夜在无安全感中醒来……但令我再次意外的是，她的眼神又回来了！甚至比芳华时更多了些淡定和雍容，简直美丽得迷醉众生，不沾染一丝生活的杂质。我松口气之余开始怀疑自己的判断，最终在朋友的讲述中我了解了她重新找回这样眼神的根源。

姑娘虽然没有过上锦衣玉食的日子（但也算得上是小康），可重要的是她爱人这些年来一如既往地深爱着她，宠爱孩子一样宠爱她。在爱人面前，姑娘感到自信，感到充实，感到生活的美好，感到幸福感包围的温暖。于是我明白对于女人来说，活到这个年岁，还能享受到如此的待遇，是别人羡慕不来的福气。

这样的现实故事的反转，也结结实实给我上了一课，让我明白并非有钱才可以过得快乐。

“又不是没经历过贫困，在起伏不定的人生中，谁能保证永远一帆风顺？”我猜想我的这位女同学曾经这样自语过。然而，在风浪中能淡定自若不是每个人都能做到的。

大概因为知足，因为信任，因为明白金钱可以买来短暂的富丽堂皇，却买不来相偎相依的安全感，所以姑娘的眼神成了多年后小说里女主角的美的化身。

以前常常为美人哀怨的眼神感到可惜，但在天平的刻度上看其也许是“咎由自取”，因为选择了昂贵，面对低廉就要唉声叹气，眼睛里钻进了委屈；因为选择了虚荣，直到遭受冷落，眼睛里住进了自卑；因为选择了攀比，看见了那山还比这山高，眼睛里生出了轻蔑。但也可以相对来看，因为选择了自我，面对人生的取舍大刀阔斧，眼睛里装满了自信；因为选择了艰难，先苦后甜抑或先甜后苦都无所谓，眼睛里透着淡然；因为选择了信任，放你自由行，给你流浪心，总归你会回到我身边，眼睛里写满了智慧和达观。

所以，眼神是生活的模样，也是交给生活的答题卡，各人自有各人福，其实没有什么对错，只要对着镜子可以坦然地说：“我看到了理想的自己。”

14

安居抑或安乐

前不久朋友打来电话，要向我借钱买房。我先是一愣：多年的交情，不借，过不了心里这道坎；借了，仿佛给喝醉的人一把刀，不知道是帮了他还是害了他。权衡之后，我委婉地拒绝了。——我觉得他在用别人的眼光来框死自己的生活。

朋友需要筹措的资金虽不足买房的十分之一，但他工作不稳定，又喜欢游山玩水，如此小资的生活一旦扯上买房，势必毁掉仅存的快乐。这样划不来的决定，我劝他再好好考虑一下：买房是件好事，但前提是不能以当下的美好做交换。

然而，最后他还是想尽办法买了房。

再见到他时果不出我的预料：他一脸愁容还在借钱，原因是要还房贷。这样的结果让我实在无语——原本一个人逍遥自在，如今陷入潦倒落寞。

有则新闻说某市居民为了抢购新房，挤破售楼处的大门。本来庄重而欢喜的事情变成了一桩夺命似的闹剧，这样的抢购意义何在？表明我国的房地产市场辉煌还是该市居民腰包鼓鼓？买房等于买菜，恐怕并非如此。（后来我从一个做地产的朋友处听说，楼盘开盘出现的热闹场面，很多时候都是拜一批买一套房选上三年五载的“资深买房爱好者”所赐。）

说实话，这则新闻让我着实吃了一惊。难道买房是能够安乐的必要条件吗？买了房以后每天顶着还房贷的压力而脚不沾地地奔波劳碌，如此，何谈自由舒适！反过来，说买房是图个稳定，大家都是这么干的。可是人人都有一本账，有人快乐天平的上方只差楼房，买了楼房又供得起，自然会越过越快乐——但我始终相信大多数人买房都是买了一个大心事。

他们用毕生的收入买了房，之后每个月用几乎三分之一的薪水还房贷，除了装修和生活费，难以想象所谓光荣的背后有多少谨小慎微的生活。有没有安全感先不谈，各种消耗先不谈，这样不能断供的生活一旦丧失了工薪收入来源，想必会造成整个生活的塌陷。于是逼迫自己，逼到不谈快乐，不谈自由，甚至不谈人格，只要能带着使命活下去就知足了……真是一场奇怪的人生交易。

如果把买房的钱用来租房，几乎可以解决下半生的安居问题，剩下的人生所赚的每一分钱都可以用来享受生活！

然而这样理性的抉择恐怕鲜有人同意。

因为有遗憾，遗憾百年后无法给后代做很好的铺垫。可是有没有想过，儿孙自有儿孙福，有多少孩子在父母的照看下出类拔萃、如鱼得水？百年后子女的发展怎可是一栋房子决定的？

有人会说，这样的租房消费行为看起来有点儿不务正业和不留后路。但如果安居是用自己的生活质量做交换，用爱人的青春做补偿，用压力重重之下的微不足道的快乐做抵御，那人生的意义何在？人的使命不是繁衍后代、宠溺后代，是做当下的发展，是给后代留一个快乐自由的机会，让他们体验到多彩的人生。

安居和房奴只有一线之隔，安居是安乐后的水到渠成，有了资金和能力，买房是给生活锦上添花。而房奴以失去安乐做代价，背着沉重的壳艰难徐行，给美好的生活安了一枚定时炸弹。

我相信一部分人真的是需要一个家，可房子不一定是家，因为家是人组成的温暖，是给房子添砖加瓦、装扮生活的载体，不是用来承载责任的摆设。遗憾的是，还有一部分人安居的背后是为了置业，用房子做买卖大捞特捞，那脑海里的危机感随着房价的忽高忽低直线上升，几乎心脏病都吓了出来。房子是用来居住的，是用来聚集温暖的，用来做买卖恐怕不会给生活增加业绩，只会增加业障。

15

教我如何接受你的负能量

如果说越来越便捷的网络让人天涯海角近在眼前，那也存在一种无意识的隐患，即负能量传染病。

这件事情是从我学会微信朋友圈开始，关注的朋友的信息混杂，被一些陌生人的言语影响，久而久之被一些负能量传染。有人问："从未见过面的人也会传染负能量吗？"答案是肯定的，概率占百分之八十。反复听别人念着寂寞就会怀疑当下的生活，原本快乐的心境会催眠自我，认为寂寞更有刺激性。人的大脑随着嘴巴的重复和眼神的交流，不自觉地对很多事情信以为真。久而久之，就验证了那句话：通过你身边的6个朋友，就能知道你的生活状态。某种意义上，就是能量的互换和传染。

有段时间本来心如止水，抗击打能力达到人生最大值，朋友见了都羡慕三分。（大家虽然收入和地位颇为悬殊，但像我这样子笑得理所当然发自内心的，在朋友中数第一位了。）可能得意忘形，竟然有一天脱口而出说自己不会为外界的任何事起波澜。所谓话不能说绝了，很快报应来到。

前不久有一位朋友失去亲人。这位朋友跟我关系不一般，都是发自内心地关心彼此。他在我面前说着说着就落泪了。我一直鼓励他，却不断地被他注射负能量。我在他负能量的言语洪流中为他撑起一叶扁舟，助他漂洋过海到达彼岸。他到底大哭了一场，但自那以后情绪恢复了不少，而我却因他那一席话受了内伤。我时常回想起他绝望的声音和哭泣的样子，那段时间我的情绪被影响，生活犹如内心的回音变得曲折坎坷，结结实实地狼狈不堪了一段日子。如今我一回想起当初的状态就不寒而栗。

这让我明白，感情细腻的人总容易被信任的人洗脑。虽然到了一定年龄，谁手上都有几招治愈的法宝，可是负能量会传染，你会感同身受胡思乱想，把业障附加在自己身上。

当然，遇到情绪低落的人，你向其诉苦，只要疾苦够悲惨，也会成为一种力量。他会想："哎哟，原来这世界上还有比我更悲惨的人。"然后他再想自己的遭遇，会感觉在逃离悲苦的黑黢黢的路上不仅有人与自己同路，还有被自己远远甩在后面的人，于是一种苦尽甘来的惊喜感油然而生，眼泪一擦，竟然也能哭着笑。如此看来，人真是虚荣的动物。但相对于虚荣者，喜欢攀比、嫉妒心强的人更可怕，他会在你诉苦的同时暗自得意，往你伤口上撒盐。遇见这样的人，负能量不仅不会被治愈，反而还会加重。所以，那些性格开朗、心胸宽广，凡事都能开怀大笑，闭上眼不出5分钟就鼾声如雷的人，不可谓不是有福气的人。睡意不值钱，却成为很多腰缠万贯者的讨债鬼。一到深夜，这部分人就开始还债赎罪，在负能量的挤压下身体几近被压垮。所以，他们中的许多人步入中年就开始入佛门，研究《金刚经》。我想他们修的大概是一身清净心吧。

有份报告说我们每个月都会有三四天的孤独期，会不自觉地质疑人生，以致焦躁不堪。所以，心理学家倡导谈恋爱，即使失恋，最起码会想着下一次希望什么时候燃起。而孤独的代名词就是绝望，绝望是人类健康的第一杀手。心理学家还倡导交友，即便并不投机，却有一大堆坚持下去的理由，甚至可以用数字抵数字的方法计算，说多交一个朋友，每个月就少了一半的寂寞期。这样的推算方式准确与否姑且不论，总之因为在这个世界上，我们一直都知道有人和自己并肩，深夜酒杯撞在一起，即使是梦碎的声音，彼此也可以抱在一起痛快地哭。

16

奈何某年 你未娶

每年春节回家，除了催我赶快结婚，好像亲友就没有什么可以嘱咐我的了。没有人问我工作如何，有什么苦恼，有什么人生规划，似乎我一句“我有女朋友”就能够证明自己在外已雄霸天下。看来在发展的基层建设上，繁衍后代仍旧排第一位。

桀骜不驯的人自然对父母、亲友的这种操心可以左耳听右耳出，但抱歉，我不是那种人。我是会被父母心情影响的人，加上情商也不算太低，所以感情上不会让父母亲难堪。

今年去拜访一个长辈，他有个儿子比我大不了多少，大概是个除了爱情之外所有事情都能搞定的人（长相尚可），于是问题来了——30岁了还没结婚，而且这还成了他的一大难题。从我一进门就被他诉苦求救，于是不得不在脑海中为他反复“检索”适龄的未婚女性朋友。

其实我向来不爱做这些牵线搭桥的事情，因为牵得恰到好处，对方顶多一句：“改天请你吃饭，谢谢啦！”牵得不好，除了八卦预言说会影响自己的桃花运之外，万一以后两人大打出手，自己该帮谁呢？

所以，我认为男同志找对象还是应该自己主动一点，脸皮厚一点儿，不怕折腾一点儿，不要把配不配放第一位，因为一旦扯上这个沉重的因素，感情还没起步就熄火了。你想想，姑娘们虽然比男人早熟，但不喜欢童话故事的姑娘你见过吗？

想归想，做归做，每年我还是会给朋友们牵线——谁让我慈悲为怀呢？但这么做，也改变不了我的感情到现在还一场空的悲剧，也许上帝的意思是：既然你对男女感情这么有研究，不妨你也体验一下单身之苦吧。（拜托！我这是在做好事。）

可是我忘了一句话：爱情像鞋子，穿上合适不合适，只有当事人最清楚。被介绍人可能心有所属，但顶不住各种煽风点火选择去相亲，到最后发现对方还不错却没感觉。我想大多数人都是这种心理，所以我的牵线“业绩”始终拿不出手。

既然相亲了，年龄一定不会太小，谁没有一些“曾经沧海难为水，除却巫山不是云”的往事？于是心里没有腾开位置，另一人没办法坐下来；于是等待结果，就真的没什么结果。当然遇上那种被我称为成熟型婚恋打算的人，就比较好办了，大家心里都有杆秤，明摆着爱情不是第一位了，或者说相信日久生情，于是慢慢地发现对方身上的发光点，如果再有一定的经济基础做铺垫，一桩蛮不错的婚姻就达成了。可是当下的人看惯了韩剧，听了太多轰轰烈烈的情歌，对婚姻缺乏安全感。“一旦结了婚就没自由了”，“如果没有爱怎么长久走下去”，“我觉得他没有那么爱我”……这些理由冠冕堂皇似无懈可击。于是再怎么优秀俊朗的男子，在这样的条件下都难免成了一个狼狈的雄性动物。怎一个委屈能够形容。

但即便如此，我仍旧认为对于男性来说，婚恋不算是第一位了。除了养家糊口，在平均寿命达74岁的中国人的人生旅途中，还有太多意义非凡的事项值得去探索。然而，我这样的想法在世人的眼里通常被认为是不务正业、不接地气。

不过现实情形是，这个时代的孩子从出生就接触了电脑，在成长过程中，几乎可以说什么样的信息都有途径做到了如指掌，什么样的场面也都有机会参与，智商之高相比较祖辈甚至父辈时代的同龄人真可用“天壤之别”来形容。如此升级版的人群，怎可强求他们继续运行老旧的程序！

说一千，道一万，别把爱情看得太重，因为参与者首先要放松；其次也别忘记完善事业，因为姑娘们最需要的还是安全感。

17

多亏某年你未嫁

相对“剩男”的焦急，“剩女”则用尴尬比较贴切。

依照教育的标尺衡量，女生读到硕士毕业，差不多才至三观齐美的境界。但四年的本科学业生涯加上三年的硕士时光，花季姑娘仿若猛地一回头，就成年过三旬的老姑娘了。遇见孩子们喊“阿姨”倒是轻伤，缓一缓不过如此，遇见看得上眼的异性喊“姐姐”，就有种眼前世界瞬间崩塌的绝望感。先不说那张口闭口叫“姐姐”的人智商、情商何在，有个不容置喙的事实是，你的眼神出卖了你的自信，明明心里给自己贴了一个“女神”的标签，眼神却背道而驰地透露着疲惫感的涟漪，正如郑中基所唱的歌曲《你的眼神背叛了你的心》。但郑中基唱的是因为喜欢难以抑制而产生的凄美，而你这是因为得不到产生的无地自容，容我直言——不一样。

说“剩女”尴尬，难道没道理？多少姑娘喝醉酒时大呼小叫：“姐姐我楼房自己买，车子自己开，上司都要看我脸色……为什么找一个三观正的男性这么难？”好像这呐喊的背后十分委屈也分外公正。“是呀，这样的优质女怎么就不被月老点鸳鸯呢？难道忘了？”如果这样认为那就太简单了。

这些姑娘一旦酒醒后，遇见合适的男性，最常讲的话就是：“你是做什么工作的？你有五险一金吗？”，“你觉得家庭和事业哪个更重要？”……这些问题虽然是生活的基础，可是你认为异性仅仅是男性就大错特错了。他们是男人，即便他们知道“嫁汉嫁汉，穿衣吃饭”这样的老生常谈，但他们更希望女方在把他们当作避风的港湾之外，还觉得“港湾”本身别具风格，有无限精彩。不然男人发现自己的价值只是供女方穿衣、吃饭，只是被女方当成一台自动提款机，那这样的溃败感会让他们在围城内觉得四面楚歌，离摊牌的日子就为期不远了。

这样说来有些矫情，但人与人之间就是如此。谈爱那就拼命爱好了，不谈尊严和委屈，这样起码“女神”配愚夫大家看得开，因为愚夫忠厚老实，“女神”回家有饭吃，过节有鲜花闻，这也没什么不好。反过来，认为物质是婚姻的必备条件，那就更简单了，两人不妨摊开账本细致地算一算，只要公平交易，最后你有张良计，我有过墙梯，也算是珠联璧合，谁能说有钱不一定幸福呢？

以上所述都跟“剩女”关系不大，既然剩下了，那就勇敢面对剩下这个残酷的事实吧。不回避地说，但凡长相不算奇丑的姑娘剩下来无非以下几种原因。

眼光太高，挑到最后压根儿不知道自己要的是什么——一会儿认为男人没钱没尊严，要求未来另一半必须有钱；一会儿认为才华才是男人的魅力，要求未来另一半必须有才华……拖到最后仍旧一头雾水。还有就是曾经被爱深深地伤过，对爱情这个东西敏感，没了自信，会不自觉地把自己当作受伤害的一方，惯性的弱势位置会让自己不平衡，但也控制不了，硬生生让男人产生一种“你心里都有人了，还相什么亲”的不良印象，实在是尴尬中的尴尬。最后一种原因也是最为常见的，曾经有过一段惊天地泣鬼神的爱恋，被男孩子狠狠地追过和伤过，于是乎后来所有的男人所做的一切都比不上最美年华里的那份激动人心，用句比较煽情的话说：被你狠狠爱过，从此不觉得别人更爱我。可是你有没有想过，总是期盼能够再次找到当年那种死了都要爱的轰轰烈烈的感觉，现实吗？毕竟流金岁月过了，当年的男子不在了。退一万步说，即便他重新出现，可他爱的是刘若英歌曲《后来》里那个穿百褶裙的姑娘，跟你有关系吗？

再次证明了那句话，爱情是势均力敌和缘分捉弄的产物，到了一定年岁，谁手上没有一招半式用来抵抗外来的“杀戮”？爱你的人越看越愚笨，越处越真诚，他愿意为你忍耐，深深地爱着你；不爱你的人越看越华美，雷池总要有人踩踏，但到了心如明镜的年岁，你何必用庸人自扰的方式和人拼个你死我活呢？回归主题，多亏某年你未嫁，我相信大龄女青年没什么不好——选择了老男人，就收下了体贴和宠爱；选择了帅小伙，就重新激活了青春和阳光的程序。

如此看来，这幅生活画册也别具一格。可一定牢记：要用心。

18

突然被父母心情笼罩的人

父母是你的家长。以前不懂得家长的含义，读完书后明白，所谓家长就是给你钱花不图回报的人，但你付出的代价也非同小可：你要听他们的，要考出好成绩，不能随便恋爱，违法的事情不能干，等等，一下子本来自由的人生就大打折扣了。

终于到了工作的年龄，他们不再用金钱来约束你，你感慨一声：终于可以展翅高飞了，我的未来不是梦。没想到家长感慨更多："你翅膀硬了瞧不起我们了"，"你该结婚了"，"你怎么越大不懂事"……这样的唠叨简直如一只老鹰捉小鸡的手，瞬间再把你拉回到被人看护的童年，从此你成为被父母心情笼罩的人，可怕不可怕？

不可怕？好，听一个真实的故事。

有个朋友（有钱的单身汉），人长得精神，情商又高，偏偏感情路跌宕起伏，从大学到年近四十，谈过的恋爱可以拍成几部韩剧了。我向来讨厌花心的人，要么好好谈，要么就结婚，在单纯的姑娘面前装情圣，视感情为游戏，可谓可恶至极。但我的朋友并非如此，甚至可以为他颁发两个大奖：一个是最佳用情奖，一个是失恋终身奖。说起来挺幽默的，可其中的缘由听起来让人唏嘘不已。

有一次我们喝酒，他告诉我他这些年感情不顺利的原因，说可能是根源于他父母。

朋友是那种从小听话的孩子，听话到每次考试距父母规定的分数上下波动不超过两分。

就这样，朋友在父母的“监护”下，大学毕业，创业，倒也顺风顺水。可是问题出现了。

朋友是那种一半主见的人。何谓一半主见？就是朋友小时候父母说他应该多吃些肉才能长高变胖，于是他吃成了一个胖子，后来艰苦地减肥；读书时父母说学理科有前途，本来刚喜欢上文学的他瞬间觉得文艺作品都是毒瘤，就把所有跟数理化无关的书全部卖掉；他原来想要考取环境优美的南方学校，但父母一句“离家要近”，他就随手填报了北方的学校……这样的“好孩子”身份一直没停。毕业后朋友谈了女友，父母说：这个太娇气以后不能过日子；这个太市侩以后金钱会让幸福大打折扣；这个似乎没家教，怎么能给未来的孩子做好榜样……

坦白地说，这几个女友都是朋友心心念念的，结果被父母一句话就给摧毁了，简直让人匪夷所思。我问他为什么没有自己的主见，朋友泪流满面地喝下一口酒，说自己也不知道为什么，可能抗拒不了父母那种突然低缓的语气和阴沉的眼神。

我无话可说。最后只能劝他说："虽然俗语说'不听老人言，吃亏在眼前'，但眼下你都快四十了，总该知道父母不能陪你一辈子吧？做决定这件事情你逃不掉的。"朋友点点头打开手机，我瞄了一眼，两个大大的"妈妈"二字跳进眼帘，我瞬间打了个冷战！我知道也许更坏的结果还在后面。

小时候我们就会被父母拿来跟别人作比较，比身高，比读书，比运动，比奖章和大红花，在家长铺的那条路上越走越远，到了一定年龄才知道他们说的不一定全对，他们的安排会变成责备，他们的责备会变成唠叨，他们的唠叨会变成我们心中一道随时开裂的伤口。

所以，每年春节很多在外漂泊的人会唱齐秦的《痛并快乐着》，一边期待这世界上最爱的人投怀送抱，一边害怕这世界上最爱的人对自己评头论足。在温情中生也在温情中死的怪圈，使得我们渐渐迷失了自己，成为父母完成其未达成的愿望的后续品。

但我始终相信，可怜天下父母心，被父母的心情笼罩不是一件难堪的事情。比如我，做了对的事，被父母夸耀，会得意忘形甚至会显摆三年五载；而酝酿很久的决定当即被父母否定，我也不会唉声叹气，虽然有些失落，但也会在哼唱《其实你不懂我的心》后高歌《往事随风》。年龄越大，我越会时刻提醒自己：一路走来，辛苦与快乐各占一半，父母的功劳不可或缺。虽然话不投机，我依然会老实地听完父母唠叨的最后一个字，并非年长有了忍耐心，而是我知道这世界上真心为自己的人不多，即便采取的方式是谩骂。

19

为什么决定往往被否定

性子急的人大概都经历过两种情形。第一种就是明明《西游记》马上就要播出了，突然停电，于是念叨什么时候来电，睡不着也无心顾及其他，就盯着灯管瞧，越瞧越不会亮，最终因灰心丧气而放弃等待，刚想去睡觉，突然“叮”一声电来了。还有明明最近运气低到三观错乱，做什么都功亏一篑，索性放弃，游手好闲，没想到刚停下来好事就接二连三来敲门，于是当初的决定成了被否定后的重新决定，令人哭笑不得。

这种奇怪的现象总是在心情左右摇摆的时候出现。比如最近一段时间不开心，索性就避重就轻，找自己擅长的事情做，先从吃着手，做一道喜欢吃的菜来满足胃。这样就有了第一次用心做出的一道自以为美味的佳肴，然后给亲近的人品尝，都连连发出称赞，而自己尝了一口却觉得味道与想象中的大相径庭，于是备感失落。再说感情。目前为止，我认为感情是最能体现四两拨千斤的事情，除了智商、情商高之外，还有大学问呢，几乎一个姑娘一套手艺。

有段时间有位姑娘对我有意，时不时地献殷勤，大有那种非我不嫁的决绝。这当然极大地满足了我的虚荣心，一边享受着这种乐趣，一边觉得她貌不出众，离我的择偶标准着实太远。终于到了我命运衰落之时——我出现了抑郁症的前兆，但我清楚行动再奇怪，内心也如明镜。那段时间她细心地照顾着我，我深深地感动了，决定跟她好好地谈恋爱。之后我对她的态度有了转变，有意跟她套近乎，过节了送花，逛街有不错的衣服会想着给她买上一件。那种掏心掏肺的态度以为会感天动地，没想到恰恰相反，姑娘跟我的距离越来越远，以前那种见缝插针的殷勤高速减少。朋友劝我不可以再这样掏心下去，否则会吓跑人家的。我心里说：我要恋爱了，要真心对一个姑娘好了，怎么会吓跑她呢？我不死心，以为自己还是做得不够，就加大力度，终于在轰轰烈烈的一次行动后彻底失去了那位姑娘。当时我被她的决绝激怒，两人都在气头上，说的话自然好听不到哪儿去。

从那以后我们之间的往事就变成了尴尬的回忆。

抛开爱情的各种定律先不谈，我对这种吊诡的现象是真的没办法了，它仿佛造成一个恶性循环，让人越失败越加大赌注，最终失掉所有的自信。有时我会怀疑人生多数的无奈和悲剧都是因决定被否定而造成的。后来我想明白了，原因并不在此。

当我们做一件事时，心态应该是平和的，功利心太重反而容易南辕北辙。为什么？是因为有了心魔。这跟执着用心无关。哲学家常说要遵从适度原则，凡事过犹不及。的确，太想赢，把所有的赌注放在同一个盘子里，很容易就会崩盘。毕竟，人生在世，不如意事十之八九，你能控制的始终是少数。

如此看来，贪婪爱不一定能体会到爱，着迷失败的情绪，不一定真的会永远衰下去，关键是怎么想，心情很重要，因为它会形成磁场，愈净愈能心想事成。

20

努力和不费力的对比

努力和不费力怎么对比呢？如果说努力更好，有些老生常谈、做作卖弄的嫌疑，因为我们从小就被教导要努力认真，今日事今日毕。而无论是谁，如果宣称自己想做一件不费力又能日进斗金的事情，难免被人看成是痴人说梦。不过也有人不认为后一种想法属于痴人说梦，举例证明说："你看我的偶像×××，那么年轻就红遍大江南北，也没见得他有什么胜人之处，就是长得有点儿俊俏，有点儿卖萌而已。"

这种观点有道理吗？我想到以前在一家影视公司就职的例子。

公司当时有两个特殊人物的存在，一老一小，老人是那种只要动动嘴，偶尔写不超过1000字的文稿就能月收入3万元；而小的也不差，每天迟到早退或时不时地请假，开会时打哈欠、玩手机，每月拿的薪水也不比其他人少。从常理来看，两人都很难在公司长久待下去，因为公司不会养干活少、拿钱多到离谱的人，更不会养不思进取、不踏实的人。可是这两位人物却是公司里不可或缺的存在。

一次，有个实习生向我发牢骚，说这家公司这么下去不出半年就得倒闭。我劝他别太意气用事，在公司里可不能随便说这种话。那老人薪水是很高，写的字也不多，但是他开会时候的发言，他写的那短短的梗概，差不多凝集了半辈子的精华，是经过很多努力才成就的，就像一个知名画家一样，他的一幅寥寥几笔的兰草会卖到上百万元，能够量化吗？那侧锋、拖笔、逆锋、藏锋、露锋，不经意的一撇……都是多年功力的体现。再说那年轻人。他也是个不得了的人物，虽然有点儿不务正业的样子，但一进入工作状态，成绩绝对是一个顶俩，开会发言的内容都是采纳的中心，临时想到的点子往往就是整个项目的最大卖点。这一老一小的才华才是公司发展壮大的硬实力。

所以说，工作成绩是检验员工价值的第一标准，而不是工作过程。同时，我们也要知道，所谓努力和不费力并不是泾渭分明的：有的人看似不费力就取得了周围人羡慕的成绩，那是因为他们之前不懈努力过；有的人看似永远在努力，却始终没有做出超乎常人的成绩，那是因为他们只是看上去很努力，只是向周围人表演自己很努力，努力程度远没有达到释放自己全部能量的地步，只是一种变相的不费力的工作秀。

21

讨教喝醉后的自己

某段时间，我竟然莫名其妙地爱上了喝醉后的自己。每天活在微醺的状态中，虽然搞糟了很多事情，但事后想想遗憾也少了不少，因为印证了那句话：酒后吐真言。这真言盲目而可爱，荒唐而真诚，事后回味，不可思议之余也有点儿幸灾乐祸。

先说喝酒这件事情。西方人喝酒成了一种习惯，不喝点儿酒似乎就跟浪漫无缘，但中国人的酒喝多了，就逃不掉被人戴上“酒鬼”的帽子。只喝一点儿吧，似乎有点儿装腔作势，但三碗不过冈的武松在现实世界里真是少之又少，意志再坚强，身体也扛不住酒精的攻城略地。于是多喝一点儿吧，终于达到尽兴的目的，除了被赞扬实在真诚外，那一肚子不可告人的秘密随即公布与众了，事后偷乐和追悔的人简直成了茶余饭后议论的典型。而我认为，单就喝酒这回事简直可以做成一系列网络电视剧了，因为人人都有两面：一面是喝醉前的自己，冷静优雅、风度翩翩；一面是喝醉后的自己，热烈粗鲁、雷厉风行。这简直满足了观众看到蝙蝠侠变身的快感。喝到支离破碎大吐特吐，第二天醒来不免伤冬悲秋，像是痛痛快快在外星球上撒野了一次，此中的快感与失落非未曾醉酒的人所能体会的。

我不知道感情路曲折的人喝酒是否为了宣泄情绪，多年来在喝醉的夜晚，不知道有多少人向暗恋的人表白，向热恋的人求婚，向破碎关系说散伙，向红颜知己告知“我喜欢你，但不能跟你在一起”……这样的故事太令人唏嘘。那暗恋的表白多数情况下被告知游戏结束，本来人家对你还有期待，你主动亮出底牌导致没了新鲜感。向热恋的人求婚差不多两种结果：要么被你醉醺醺的样子逗乐随口答应，要么对不修边幅的直言感到失望而暂时婉拒，但这样的结果是对方终于明白了你心中所想，一颗巨石得以落地。再说喝醉后说散伙这件事。难以想象那牵强在一起的时刻多么难熬，连掀牌的机会也要留给大醉酩酊，但终于说出口了，也挺好。酒精成了给人格魅力加分的工具，让人越发觉得你有人情味，让人越发爱得不可自拔，从此爱情也变得更加热烈了，这可真是妙中之妙啊。

但我相信，喝醉后的自己通常是福祸参半，买一堆以前想买而未买的物品，做一个左右为难的决定，为冷漠的感情做个总结，为肝胆相照的友谊加个巩固，给灰暗的心境来个彻底的决战……白天披着沉重的外衣衔接在现实的齿轮中亦步亦趋，喝醉后换来“我轻轻地来了，不带走一片云彩”的自在。那种勇气也是值得推崇的。醒来后也会暗自庆幸人生中那么多的纠结最终在一次大醉中彻底清除，新的篇章满意与否已不重要，因为在路上已经是一个了不起的举措。因为停下来孤独和无奈会吞没你，因为停下来，你会看到那些旧物会消耗掉你未来的欢喜。于是乎喝醉何必？何不喝醉？也有耐人寻味的道理。

如今的我，身体远不如读书时代聚会时痛饮三千杯的金刚不坏，但悲喜交加时我也喜欢小酌几杯，不为把自己灌醉获得轻松的睡眠，而是在那一刻我明白原来人世间的所有事都不过是心情在作祟。酒精刺激感官，快乐大于哀愁，果敢战胜犹豫，阴霾散去换来一片艳阳天。如此来看，人生之路变幻而蹉跎，停下来喝一杯，讨教喝醉后的自己，蛮不错。

22

未来的世界是你的世界观

害怕未来抑或期待未来的人，在我看来就是本末倒置，没有抓住害怕的对象，因为未来的世界就是你的世界观。

影视公司将科幻题材列为热门，因为观众越来越期待未来可能发生的一切，于是绞尽脑汁地去想未来的街道、汽车、金钱、电脑，以及衣服、住宅等，设计了一套分门别类的素材，让人看了眼花缭乱，倒也是煞费心血。最后到投拍的档口，就出现问题了，要么设计的造型太奇特难以实现，要么是脑中的想象太过于超乎现实，导致观众出现反感。于是几经修改终于搬上大银幕，票房反响不是最重要的，重要的是观众走出电影院，没在讨论那种造型和想象力，而是在讨论剧中的人物。于是，影视公司采集信息的选题开发者终于明白：花式的摆弄是吸引眼球的一种，但文艺作品最终还是写人对生与死的认知；如果一个“低级”的人进入一个高级的世界，那么这样的搭配仍旧显得过时，因为思想停滞不前，对外部的世界如何有感染力？

朋友是极其敏感的人，我也是。可以说是创作的需要吧，但遗憾的是朋友的敏感已经几近变态，比如凡事都要考虑以后怎么办。谈了漂亮的女友，会想以后无法给她优渥生活怎么办？买了楼房以后产权到底有多久，孩子上学是否方便，以后拆迁大概补助多少，于是所有的事情在殚精竭虑中变了味道。最终女友分手了，位置良好的楼房也卖掉了。连孩子都要选择在最好的时间出生，这样的人生简直是活在“炮火”之下。这让我想到一句话：并不是未来可怕，而是我们构想出的未来画面造成的恐惧心理可怕。比如交了一个挺合拍的女友，却又在未来的评判标准上挑三拣四，最后无奈分手，很是可惜。俗语是有一定的道理，但如果让俗语框死生活，那生活的意义何在？你何曾想过靠一双手去创造未来，只要心是对的，未来才会对。蜜糖很甜，人人爱吃，如果一天三顿都是蜜糖，就会忘记甜蜜的味道。假如你很久才吃一次蜜糖，你就会对生活充满期待，对甜蜜的感受就会甜彻心间久不能忘。

一家人规划将来，孩子说到了某年我就让爸妈过上富贵的生活，实现与否不重要，父母落泪的潜台词是你长大了，懂得分享和给予了，能看到一个后来玉成的标志，那未来即便仍旧是破房旧家具又有何怕？只要透着窗户能看到氤氲的饭桌前一家人谈笑自如的场景便是三生有幸。再有爱人说等赚到一笔钱我们就去访遍世界，那一字一句胜得过情人节最高价的玫瑰。实现当然很好，最起码当初吃的苦和许的愿就此绽放，可谓水到渠成心情大好。即便没有实现，相互搀扶牵手拥抱，也抵得过那小年轻山盟海誓的浪漫了。

世界分秒都在变化，跟着时代的节拍走永远觉得慢一步，会恐慌未来的自己该何去何从。没家的，即便未来千万身家也可能会有流落街头的悲哀；有家的，想起未来年迈的自己，恨不得提前买下保险。不能改变的是未来一定是飞速前进的，你会换掉过时的衣服，剪出前卫的发型，用上最便捷的工具，乘坐最安全迅疾的交通工具，但这些都是必然要发生的，唯一你必须要考虑的是，你有没有想过那时候的自己是什么样的，世界观里有没有你最值得去爱的人，自己喜爱的事情能不能继续做下去。这是每个人都需要认真思考的问题。

23

原来非你一人失眠

据世界卫生组织调查，27%的人有睡眠问题。为唤起全世界人民对睡眠重要性的认识，国际精神卫生组织主办的全球睡眠和健康计划于2001年发起了一项全球性的活动——将每年的3月21日，即春季的第一天定为“世界睡眠日”。

看到这个新闻，我有些错愕，从宏观上来看，27%的人经常失眠，但从微观上分析，至少有一半的人会有失眠的问题。如果重视睡眠到了非要定义一个节日来体现，那大众睡眠的难度就更大了。

影视演员刘烨曾经有过长达五年的深度失眠岁月，每天需要饮酒和吃安眠药才能入睡，个中滋味非当事人不能体会。深夜无法入睡需要面对时间长河的一波又一波，听得见钟表的秒针声，听得见外面徐徐的风声和汽车的鸣笛声，连心跳的声音也听得一清二楚，耳朵越是灵敏，越是睡不着。索性买了耳塞塞住耳朵，那刻意而为的堵塞堵住了外部的声响，也堵住了睡虫的来临。各种心理学家提供的方案就是要有规律地睡眠，可是多少人败下阵来却说不出一个合理的理由，但无论如何，早睡早起都是一件有利身心的事情。可是失眠比缘分还奇妙，谁能猜出今晚我必能安睡，刻意睡觉反而失去睡觉的质量，不如“放任自流”。

即便如此，我还是十分羡慕那些倒下即睡的人，那种心态良好的境界绝非失眠者所能体会，简直就是一种技能，躺下就鼾声如雷。更有甚者会说自己要是打鼾就叫醒他，终于叫醒了，人家两眼一闭，不出10秒继续鼾声如雷，真不知为他庆贺还是为自己悲哀。

在曾经读书的年代，班级里总会有即刻入睡的同学，他们可以将老师的谆谆教诲当作美妙的催眠曲，睡上一天放学了准时醒来，倒也不存在什么早退和捣乱的现象。我曾经就有这么一位同桌，他被同学戏称为“睡霸”。有一次我趁他没有“发功”之前问他用何种方法才能睡得如此不管天不管地，连书本都跟着一起打哈欠，他说了一个最普通却让我记忆深刻的方法。他说：“所谓睡觉，只要做到两样就能睡着了，一是凡事都不要想，二是雷打也不要动，这样即便是夜猫子也能睡得昏天黑地。”后来这个方法还真是屡试不爽。就是这么一句平凡的话也暗含玄机。所谓凡事不要想，人世间有那么多的琐碎事与自己有千丝万缕的联系，不是一句放得下就真的可以放下的。安慰之词不过是礼貌用语，被安慰到洗脑的境界，那要分人和分境界才行。再说雷打也不要动。不动是睡着的前提条件，但有种人不动似乎全身有千斤重，会越睡越疲累。真是睡眠看似简单，却能睡出人间的千姿百态来。

夜幕降临，睡意浓重的人固然是福气，但睡不着也不至于为此辗转反侧，大不了第二天没精神好了，这世界上陪你一同失眠的人千千万万，何必有负担？负担太重必然造成恶性循环，得不偿失。况且，失眠也未尝没有收获，终于在某个思绪密集的深夜想清楚了一些事，第二天顶着黑眼圈手起刀落，也就完成了某笔糊涂账。而且，在孤独的深夜里才能明白孤独的真正含义，能够与孤独相处也是人生的一种境界。

让失眠不牵连健康的生活，和让健康的生活消化失眠，没有所谓的好与坏。失眠牵连了生活，那是生活需要失眠来调剂，谁能保证自己在睡眠充足之下做的决定都是正确的呢？恰好有失眠才知道这个世界会不会加倍地关心或忽略自己，那暴露出来的真实让自己明白“我是一个平凡的人”。让健康的生活消化失眠，那最好不过了，因为一句“健康”胜得过很多句“美丽”。

原来非你一人失眠，恰好我们从彼此的世界里擦肩而过，那么，陌生的人，晚安。

24

阴影是一个高级的词汇

电影《心花路放》里有句很有哲理的台词："我之前失败的婚姻，它是我人生中的阴影，对吧？但那也是我人生的一部分啊。你们刚才侮辱我的前妻，就是在侮辱我的人生。"这样把阴影美化的说辞，是电影里难得的反讽手法。正常情况下，大概没有人喜欢阴影，可阴影也是有意义的，比如只有它才能让你知道自己是一个什么样的人。

提到我的阴影最直接的就是黑色高考。我曾参加两次高考，一次，最擅长的语文时间不够用，等到交卷的那一刻脑子空白了，因为作文刚刚写了几十个字，死定了，真的死定了。那一年光荣落榜。第二年加倍注重语文做题的时间，大幅度地练笔。等到再次高考，成绩差强人意。但因此落下一个阴影：每当有大事发生、压力重重时，晚上就会做同样一个梦——独自冲进学校，考试时间已经过半，我还没找到考场，那种急切的心情和紧迫感给接下来几天都留下沉重的负效应。乃至今天，这样的阴影仍旧时不时地钻进我的梦中，每次都照常配合，满头大汗地从深夜醒来，长吁一口气，全身累到散架，可谓凄凉之情无以言表。

我这样的阴影还只是个阴影，而曾经有个朋友，他的阴影直接变成了病症。朋友幼时吃饭挑食且有不雅的小动作，父亲常用筷子敲他脑袋，从小学一直敲到中学毕业，他也没改掉自己的“嗜好”，反而得了癫痫病——筷子一碰到脑袋，他就立即倒地口吐白沫，真是受罪不浅。同样的有感情问题的同学，他在青春期爱上一个姑娘，两人在重重压力的阻隔下走到一起，但八年之后还是分手了，这对男生的打击可想而知。为了供她读书，他曾经果断放弃名校转而去打工，结果仍旧逃不掉分道扬镳的悲剧。自那以后，此同学谈起恋爱就缩手缩脚。久而久之，本来开朗的性格变得沉闷无比，落下一个不知道是好是坏的毛病——从不动真感情。为什么不动真感情？害怕还是谨慎，答案无人知晓。

阴影往高深了说，也是因果造就的产物，有因必有果，有舍必有得，阴影造就的舍弃，会因此触动命运新的阀门，打开另一番天地的大门。这样看来，阴影是一个助推的力量。就像我的一位朋友，天生的生意人，怎么实现？靠阅历和资本，那没有什么值得一提的；他靠爱情的打击后发愤图强，从此以“爱情不伤我，我只伤爱情”的态度玩味人生，足以写一部曲折离奇的人生电影。阴影够不够劲儿？要是不够，那先得到好了。因为家庭的不和谐，“父母离婚”成了童年的关键词，等到成家的年龄，加倍地珍惜同爱人相处的温馨氛围，那阴影就是一个大助力。但综上所说，得失是循环的，于是情节逆转，因为当年的阴影，努力造就的感情经不起误会的打击，造成心理扭曲，那怎么办？这就看个人后天阅历了。为什么提倡修身养性多看书，就是在你最后即将被击败的那一刻，助你一臂之力。

“阴影”是一个高级的词汇，年少时会说“我有阴影，请让步，多一些安慰和理解”，到头来发现阴影没减反增。到了中年，阴影变成业障，想着如何避开业障不如努力为业障赎罪，多去帮助别人，用善良而达观的心态去看余生，那么此业障由不见天日变成光明磊落，马上升级为值得言说的快事，为下一代津津乐道。

25

知易行难的简单事

自认为是比较笨的人，越简单的行为到我这里就越漏洞百出，所以看了我写的书和歌的人说我的智商很高，我瞬间就有种无地自容的愧疚感。这并不是夸大其词。

读大学时开学前一定会有军训，不知道是不是我天生有反骨，还是天生反应迟钝，导致踢腿迈正步也会频频出错。每次操练时我都提心吊胆，警告自己不能出错，可奇怪的是越是害怕越是出错。你会说错就错了，下次注意就好，但是读过大学的人都知道，那些血气方刚的军训教练都是严苛极了。没意外，整整一个多月的军训我被单独叫出来在众人面前表演不下于五次。教练对我实在无招时，就责令我唱歌，有人起哄说唱什么歌，他会自己作词作曲。没来头的一句话让我既得意又忧虑，我的忧虑并不是多余的，那教练竟然要求我在半个小时内写出一首关于军训的歌。在接近四十度高温的操场上让我写一首赞颂军训的歌，这简直要了我的命！没办法，不想受体罚（俯卧撑）就得照单完成。也算有点儿小特长吧，那首歌完成得不错，最终赢得了教练的认可。不过直到最后一节课结束时，教练面带笑容将我叫到他的身边，本以为会说些交个朋友、留个电话号码之类的话，哪知教练脸色一变，突然抓狂地喊道："你小子是不是故意的？一个月过去了，你转身转到月球上面去了，气死我了！"没办法，在这样的事情上，我真是零天赋。

按道理说我也努力地观察过，课下也练习过，但就像数学糟糕的学生，不管如何研究数学公式，死记硬背也好，打个小抄也好，考试分数能提高5分便欢呼雀跃了。在那些天生数学尖子的眼中，这绝对是不可思议的愚笨。

说了这么多，其实想要说的道理不过是“知易行难”四个字，你没办法教麻雀穿越大海，没办法将阿斗变成赵云，也没办法将拼音置换成英文。事物都有其属性，所以安慰一个受伤的人，你不能对他说你应该勇敢坚强，像向日葵一样向着阳光。你应该告诉他自己曾和他一样受伤，无所谓好坏，伤上加伤，就成了自然了。因为我们都喜欢同类，简单的道理对事不对人，而每个人的情感千变万化，哪能一句话就能药到病除，要不然这世间也不会多出那么多凄美的爱恨情仇了。

所以，年龄越大越喜欢痛上加痛、苦中加苦的心态，往伤口上撒盐的，看起来冷血却能让人达到无痛无爱的境界，此可谓真成熟。反过来看那些励志口号：慢慢来，一切都会好的；你若不坚强，柔弱给谁看；你要相信你有更好的明天，越努力越幸运……看多了用模糊的蓝图来骗未来的自己。反正都有最坏的打算了，那么狂风暴雨又何曾伤得了你，一旦风停雨止，偶尔来一些模糊的彩虹，你也会发觉人生再惨淡也会有随处可见的惊喜，就此开始慢慢地从阴晦中看到一丝光亮，自动形成自救模式，有了一个原创的人生。

知易行难，活在这世上，谁都能随口讲若干老生常谈的大道理，要是道理能够救人，人们也不会乐此不疲地听情歌、看韩剧，明知不真实却哭得不能自已。大概是因为感同身受吧，快乐时人的感慨差不多，痛苦时却千差万别。人生之美就在于此，底牌亮得太早就失去了对远方的期待，所以走走停停、停停走走，有何不可？

那太多的励志片在教导我们要加油、努力、奋进，流血不流泪，可是连刘德华都在唱《男人哭吧不是罪》，不然要将眼泪积攒起来用来演偶像剧吗？不知道从古至今一句“男儿有泪不轻弹”憋出了多少抑郁症患者。

26

真正的心情不错是无为

除了创作之外，我很难想象一个人敏感、凡事想得偏门有什么好处。为了凡事少出错？为了错误到来时给自尊心留点儿空间？还是为了更好地生存，凡事都要走一步看十步？不排除一部分人天生心思缜密，除了患上失眠症外，事业可谓一帆风顺，但认真过了头就有点儿庸人自扰了。心情不错，何以不错？喜事临门还是愿望达成？我猜都不是，真正的心情不错应该是老子说的“无为”状态，心里无杂念，没有任何情绪，这样的状态才能称得上最佳状态。要不然突然中了彩票，喜气洋洋，虚荣心暴涨，下次再去买不中，再买仍不中，贪心不足还去买仍旧不中，那就患上心病了。从低谷往上走没关系，反正都是苦累，越走越高会有种淡淡的满足感；但从高空坠落，那种失落感恐怕是非普通人能承受的。

情绪是夜里走路的影子，给人带来安全感也好，孤独感也罢，当你注意到它时，其实就是摆脱不掉之时。好心情带来安全感固然不错，可是安全感不是靠好心情成就的。好心情是感受，是事后追忆时的总结，而非被美好事情刺激生成的。说句不讨喜的话，好心情要是靠发财来实现，那发完财之后人生是不是就该说再见了？同理，孤独感来临也无所谓好坏，不开心那是必然的，能够享受孤独的除了学识和修为外，多少带点儿与生俱来的天赋。这个不必刻意为之，但要说孤独感好也并非无道理，终于体会到了一个人生活的智慧，洞察到自身，看到生活的本相，也挺不错。可是人是群居动物，孤独是短暂的，我们总要学着和别人一起看电影、吃饭、去游乐场，此时此刻，你就会发现原来自己动不动伤冬悲秋影响了别人的心情，那其中的滋味才是真正的孤独。

现在的我，吃饭吃得太投入不会去思考写作被耽误了，创作写得不尽兴时就此放下笔去看娱乐节目，去游玩时心血来潮想要写点儿感悟又不会计较美景被抛于脑后，不必为负担而招来无端的坏情绪。于是，我明白，在衣衫褴褛、食不果腹、去住两难、行尸走肉的自在境界里，先放下衣、食、住、行也未尝不可。

27

貌相会给缘分加分

长得漂亮有用吗？问这句话的人多数不漂亮，但我认为长得漂亮真的是一件求之不得的大喜事，要不然为什么明星会有那么多“粉丝”呢？唱歌悦耳？演戏很棒？综艺耍宝？恕我直言，这都是附加值。

谈到貌相，要从我朋友的相亲史谈起。

朋友是那种市面上经常见到的大款形象，一身名牌，豪车代步，出入各种高档场所。

他虽然腰缠万贯，但鱼和熊掌不可兼得，他的感情基本为零，偶尔听说的邂逅基本上也很快就不了了之了。你可能觉得匪夷所思——不爱才华只爱金钱的姑娘虽然不能说是遍地都是，但是绝非“珍稀动物”，他难道就一个都没碰到？

不是他没有碰到，而是他对于自己的貌相过于放任自流了。

是的，朋友是一个相貌不太美观的男人，并且还将自己的不修边幅当作无与伦比的个性。

当我思虑再三意识到这可能是他缘分糟糕的原因，终于在一次吃饭时跟他说了出来。

长得不匀称也就算了，他的打扮简直都无法用一个“土”字概括。朋友却辩解说他有钱啊，而且男人重要的是魅力。我心说别跟我谈魅力了，魅力的前缀何时脱离过“标致”二字？日久生情自然会越看越好看，那绝对是自欺欺人，说是麻木才比较贴切。朋友有些生气，沉默良久就此别过。

看来朋友也是十分要面子的人，可是面子归根到底还是长相啊！我们有段时间没联系。再见到他时，他已经有了女朋友，长相普通，却小鸟依人，看得出并非不挑剔之人。令我感到惊喜的是我的朋友，简直从凤雏摇身一变成了玄彬！他身材消瘦，皮肤也好了很多，穿着打扮很入时。我立即明白了他缘分反转的原因——貌相有了质的提升。人不可貌相那是谈生意，感情选择何时逃得开外貌这杆秤？

众所周知，一般的大龄“剩女”对婚姻都十分挑剔，但据我观察，这样的姑娘最后非但没有嫁给老男人，同龄人也都直接被淘汰，反而选择了年龄差距较大的小青年，清一色俊朗鲜活的样子。有段时间我甚至有点儿琢磨不透这种怪现象，难道社会发展过快，女孩子都一溜儿地重文轻商了？后来清楚了，抛开十分功利的女孩不谈，多数女孩子还是会用十分美好和梦幻的态度去经营感情的。独立的姑娘会说：“我就是豪门，何必嫁给豪门！”不太独立的姑娘即使对年龄小的异性抱有质疑，但相比老男人，小青年一副为姑娘上刀山、下火海的劲头也能给后者不少安全感。那些嫁给小青年的大姐们，拍照秀恩爱，每天过得活力四射，越发可爱嫩萌，说是重走一回青春也不为过。这其中的道理怎么能说跟貌相无关？

28

旧去 新来

我之前写过一部小说，名字叫《你好，失恋》。那时候，我认为失恋就像剪刀剪深了指甲，开始时不舒服，后来慢慢没了感觉，需要时间的治愈。后来我认为失恋就像你误会了一个对你好的人，终于有一天真相大白，方知道原来所有的误解都是为了让你更懂得爱、更会爱。而所谓的真相大白，就是在下一个路口你突然遇到一个人，他/她会让你情不自禁地嘴角上扬，突然明白了王菲演唱的那句“有生之年，狭路相逢”

的美好。

朋友失恋的经历非常具有戏剧性，那段时光我经常陪他喝酒，他白天喜气洋洋，可天一黑就眼泪翻滚，陪伴他多日后，除传递我一身负能量外，把我消失的啤酒肚又逼得重见天日了。

为摆脱他，我答应了他一个无理的要求：写一段关于他失恋真实感受的文字，不能煽情，不能谩骂，又不能无病呻吟……这就难了，还好我有属于编剧天生的观察型性格，一粒沙也能看出一个宇宙来。于是我在朋友这颗沙砾组成的大石头上看出了他简直像《红楼梦》里那顽石一样细腻的情感观。

我写道：

大概故事都差不多：年轻时欲望太重，认为钱可以解决一切，终于到了不为钱只为心事发愁的年岁，方知当初和爱人一起挨饿的日子也值得怀念；钱能改变观念，这都是自我安慰，难买睡意才是真理。

总是在不回家的路上，才注意街道两旁高楼的模样；原来忙着赶路的日子，爱人的唠叨话语竟那样枯燥且尴尬地存在于耳畔，不曾痛苦，怎能听得懂广场舞曲里的幸福？

总是在努力适应另外一个人的时候，才发觉不经意间养成的陋习，被别人嫌弃却是爱人心中的欢喜，衣服不是颜色，菜肴不是味道，深夜不回家不再是煎熬。早餐、午餐吃完的日子，何曾记得是如何吃完的？

总是在受委屈时，才明白原来所有的高枕无忧比不上对症下药；短暂激情下来毛孔冷却后感到的失落，才明白原来勉强搭配比独守空房更痛苦。新欢若可以代替旧爱，为什么心的明镜台落满尘埃？

总是在终于没有千金的聒噪，才发现用存折里的数字买下的楼房和社交比不上为她买下玩具后的微笑，交给别人照看的她如果深夜痛哭谁来哄？那日思夜想的姓名如果换了姓，如何掩盖发烫的眼神里的不平衡？

写到“千金”，我突然有种被职业冲昏头脑的感觉，干金？对的，没错，朋友不是失恋，是失婚。其实我早就应该想到，毕竟人非草木，别说狗熊了，连英雄也难过美人关，何况是习惯与恩情叠加在一起的美人。但此刻我先撇开不谈“一日夫妻百日恩”“再苦不能苦孩子”这样老生常谈的道理。有一次我跟他议论这几句话的意思，他兴致盎然，听我娓娓道来，还说如果我能分析得正合他意，他就给我介绍女友。我听后，沉默不语……他说介绍红颜知己。我听后，依旧沉默不语。最后他沉默不语，片刻之后说：“介绍和你臭味相投的人好了。”我这次没有沉默不语，竟像遥控器对着电视机按了一下，瞬间散发出耀眼的光芒。我跟他说：“快说快说，那人在哪里？做什么的？我什么时候能见她？”（请理解一个作家想找一个能聊天的人多么困难和多么重要。）

提到“臭味相投”这个词，我想到它最大魅力值的发挥该是在情人节那天。2月14日那天，如果随机采访一对情侣，得出的恋爱结论差不多都是“三观”一致、爱好一致，连哭和笑的点都能高度吻合，这真的算得上珠联璧合。但并不是每个人生来就能成为幸运儿，尤其爱情，不弄到伤痕累累，就无法明白到底恋爱为了什么，匹配是什么标准，自己真实的样子到底是什么样。爱情成了一面魔镜，在映射中我们终于能看到自己自以为是的模样。

这样就引申到了这篇文章的主题：旧去新来。

旧的去了，不是旧的不够好，而是就像手机更新换代一样，系统升级了，那么手机的各项功能即便完好无损，也没有办法继续通行无阻了。但幸好有了那台手机的练习，你才明白系统虽升级，但操作其实都差不多。

旧去新来，回头看看雨中行走的人群，谁身后的影子不是伤痕累累？你看不到，是因为有人走进了隐蔽的地带，影子被隐藏起来了，或者有人跟影子重叠了，这让生命变得厚重飘忽不定。

我自认为不是爱说“鸡汤体”的人，但我相信：只要爱说话，只要真实可爱，只要脸皮厚，只要懂得一点点异性的小心思，那下一次恋爱的人，一定会更好。

29

从彼此到彼和此

有两类人最没有安全感：一是恋爱中的女人，二是谈判中的编剧。

恋爱中的女人虽然已经脱单，可是那种随时失掉全世界的念头会不时地涌上心头：他会不会突然背叛我？他会不会因为我老了而背叛我？他会不会看上别的女人而背叛我？好纠结，越想越没安全感，于是秀美食、秀恩爱、秀心灵鸡汤。没办法，不管感情有多深厚，这看似矫情的行为都是避免不了的。而谈判中的编剧，只有从业者才明白为什么没有安全感，因为项目可能随时会被拿掉，因为甲方随时可能变卦，因为身体可能随时因过劳而宣告“死机”，简直可以排得上高压行业的前几位。

但有什么安全感是可以自然获得的？抱歉，没有，因为即便再信任的彼此，也说不好某一天会变成彼和此。依靠别人没戏，连自己都无法依靠，趁早打消念头还能落得心安理得。

看都市情感剧，不管开头多浪漫，一见倾情也好，青梅竹马也罢，在重重阻隔的苦难下通常是不会轻易放弃感情的，这时候观众就会心跟他们一起走，同情主人公的遭遇。可是遗憾的是，这类电视剧难逃的一个套路就是苟富贵必相忘，不是男的爱上了另一个跟女主角不同的女人，就是荒唐的现实给了两人一个无法接受的打击，最终两人分道扬镳。在观众大骂编剧胡乱编写就要弃剧时，突然来了一个大反转，两人的感情又慢慢地升温了，就像印证了前文我写的那句话：年轻时欲望太重，认为钱可以解决一切，终于到了不为钱只为心事发愁的年岁，方知当初和爱人一起挨饿的日子也值得怀念。俗？再俗也是来源于现实生活，不然为什么会有“七年之痒”这样奇怪的词语。

朋友曾向我诉苦说：太太没有以前那么爱他了，以前私房钱都会拿出来给他买西服，一块面包也会掰成两半给他吃，那样的岁月让他知道什么叫真爱。可是如今生活好了，太太反而变了，不仅偷偷地给自己存余款，还时不时地撒谎，翻他的手机，那眼神失去了当年对他的崇拜和非他不可的决绝。我劝他别太敏感，女人做到这个份儿上已经很不错了，她们是情绪化的动物，时不时地就会感到缺乏安全感。

婚姻到了一定的年岁就会失去当年的芳华，并非是不爱了，而是热烈的岁月一过，人们更对未来缺乏安全感。以前认为爱情是安全感，所以拼命地对对方好，可是等到有钱却没体力的年龄，就忽然觉得也许多一些钱比较有保证。这样的从彼此到彼和此也没关系，只要晚上还睡在一张床上，何必再去计较那梦里的情形。

说到底，人总是孤独的，孤独才是永恒的。白天三三两两的同伴一起工作，轰轰烈烈地干事业，到了夜晚又会分东离西，各自归家，于是孤独悄然来临。到了家里又会有新的依靠，家人的温暖会让你暂时忘记孤独，可当夜深人静的时刻你又重新陷入孤独，依次重复。人生就是这样无限循环地分解孤独、聚合孤独的过程。从彼此到彼和此，从彼和此再到彼此，没有什么绝对的美好，也无所谓不好，关键看是否安心。一叶扁舟也能活出大海的广阔，那么一个人也没有什么可怕的。一群人的酒局，喝得东倒西歪，而后醉倒在洗手间难过得流泪，那这热闹的彼此也没什么好留恋的。

人生因起伏才慢慢地有了辨识度，别拒绝，要不然你该多平庸。

30

赠你有效信息的医者

印象中，父亲和哥哥之间的关系经常剑拔弩张，与其说是看不惯对方对自己的态度，不如说自己无法与自己内心相处，两个相冲的人吵来吵去，最终在某一年哥哥生了一场病而宣告终止。

哥哥的病没来由，手自然抖，拿东西抖，写字抖，最后连吃饭拿筷子都抖得没办法稳定。这样还了得，尽快治疗，可是一般的医生又觉得无从下手，认为是神经功能出现了紊乱。

最后情况越来越糟，就到天津看病，见了一个当地非常有名的医生。

那段时间我因为拍戏在剧组，虽然一直关心他的身体，却总是因为太忙而无法顾及。大约一周之后他给我打电话说，病好了，可以回家了。我起初不太相信，后来给母亲打电话才确认一切都没事了。很神奇，抖了几年的手就这样完全康复了，母亲把整个事情的来龙去脉告知了我。

和我猜测的相差无几，他的病根是心理因素造成的，也就是说他的压力太大了。他沉默寡言，苦恼在心里翻江倒海，又加上父亲跟他总是针锋相对，心中闷气无从发泄，久而久之，产生的压力就摧毁了正常的意识。

母亲告诉我，那天哥哥和医生聊了一下午。医生真是了得，他让哥哥倾倒苦水，并在他面前哭了个痛快，把所有的委屈通通宣泄出来。印象中哥哥是不哭的人，难以想象他是怎样释放心魔来救赎自己的。医生给了他建议，他发来短信给我看，大致是承认自己的错误，放下一切，顺其自然，不去计较，跟父母和平相处。敏感的人想得太多，无法更好地爱对方就攻击自己，而手段就是将矛头指向最亲近的人，最后逼迫自己投降，越陷越深，直至四面楚歌。这些老生常谈的道理医生却说得很细致，让哥哥当作药方来看。哥哥信服了，密室中的挣扎变成草原上的驰骋，暴躁的性格几乎完全收敛，回家后跟父亲的交谈变了方式，说不上温柔以待，但却着力自然、不卑不亢。

哥哥应该感谢那个医生，也应该感谢最终和世界讲和的自己。然而，不是每个人都能有幸遇到能够洞察自己内心的人。有段时间我也在寻找这样的一个人，也想解救围城里的自我。询问了很多朋友，遗憾的是他们的方法都对事不对人，甚至有人提出让我吃药配合治疗。我觉得太荒谬，心魔作祟固然可怕，如果一旦承认自己病入膏肓，就真的是病人了，那种怪圈进去容易出来难。当时苦于没有良方，躁动不安，像喝醉的人在赶夜路时一样迷茫。

那段时间，我白天心不在焉，错事连连，晚上就开始审视自己，在一种缺乏安全感的氛围中沉睡和苏醒。很多次我都想放弃，可是我知道如果就此罢手，那么我日后肯定为自己的做法感到遗憾并忏悔。于是我说了“不”。

元旦那天我搭车回老家，去看望奶奶。母亲说奶奶也经常念叨我。爷爷去世后留奶奶一个人在那么大的院子里，寂寥至深是可想而知的。那天下午我和奶奶聊了家庭、生活和事业，看到了挂在墙上的爷爷的照片和一排排他生前的荣誉证书，奶奶说爷爷去世后她就从来没有取下来看过这些东西。我取下掸了掸上面的灰尘，时间跨度从20世纪60年代初直到爷爷去世的前一个月，都整理得十分完好。爷爷生前记的笔记和账目字迹清晰，有理有据，看得我眼泪几乎要夺眶而出，他的细致认真以及对工作的热忱让我无地自容。小时候去爷爷家看不懂他这种做法背后的用意，直到我动手整理时才发现爷爷的良苦用心。他在警示后人，也在给后人做示范。他留给后人一剂良药：在茫茫人生路上走偏了，矫正性情，此种遗产比得上万亩良田了。

那次之后，我忽感心里的阴霾慢慢消退了，眼前的路铺陈开来，如此要比很多花样的修炼技巧来得及时干脆。我从爷爷生前的照片中看出了态度：莫听穿林打叶声，何妨吟啸且徐行。病治愈了，我甚至顿悟“行孝是积德”这样的古语不单是中华传统美德，而且还是救赎心灵、顺应自然的生活法则。

这个时代，有效信息得来不易，它会让你曲径通幽少走冤枉路，让你醍醐灌顶少读几本重复书，让你众人皆醉我独醒，少交几个偏门的朋友，让你大智若愚少做力不从心的尝试，如此“对症下药”才恰到好处。可是真正懂你的人，恐怕不是“珍惜”二字可以去捍卫的，因为赠你有效信息的医者，除了要你交出全部的勇气，还有多少缘分在磨合，可遇不可求。

31

酸

用人生的“酸甜苦辣”四个字比作《西游记》里师徒四人的话，那么适合用“酸”字的就是孙悟空了。

从大闹天宫到西行取经，孙悟空可谓一路上帮助唐僧不少，历经千辛万苦，结果却差强人意，这是这类小说通常的结局，中国人喜欢大团圆嘛。可是不管读原著还是看1986年版的电视剧，每一难都不觉得让人悲切，只有当师徒四人生有二心时心酸才充塞于胸。不怕取笑地说，当初看《三打白骨精》

那一段曾多次为孙悟空落泪。正是验证了那句话——“不怕辛苦，就怕误解”，在外面被一百个人说是妖怪，当回到家里只想听一个人说“你是我的天使”，再美好一点儿，“就算你是妖怪，我也会陪你一起修行到千年重回人间”。

曾经初到北京，尚未脱去一身学生气，又对唱歌着迷不可自拔，本来有很好的就业机会，偏偏血气方刚，脑子一热就去后海酒吧做了驻场歌手。每天从黄昏日落唱到夜深人静，最后背着琴冒着寒风坐着公交车回家。到了家里整个人已然散架，谈不上什么累，贪睡犹如在沙漠中饥渴良久后终于找到了水源，一觉睡到凌晨，耳边嗡嗡响，那些旋律仍旧挥之不去，条件反射似的去摸手机。这一摸不打紧，肌肉酸痛得根本抬不起胳膊来，于是在困乏中忍受肌肉的疼痛又昏睡过去。第二天照常坐上一个半小时的车程去唱歌。那段日子虽然苦累，却不觉得心酸，直到有一天发现那里再也不适合我。真正听歌的人是少之又少，乌烟瘴气的氛围慢慢地撕碎了我的理想，酒吧与我的初衷越来越远，心酸亦不知何时一点点占据我的心头。终于撑不下去了，背着琴辞去了我的工作。自那次以后，我明白了，苦累和误解都不是最可怕的，最怕的是理想破灭的心酸，泥泞的路好歹有方向，没有方向的路即便坦荡也会越走越迷惘。

这同样让我想起一个年过半百的叔叔，他的两个孩子都在读书，从我记事起他就一直外出打工，干的是体力活，少言寡语，但感情丰富。最让我觉得不一般的是他虽然读的书很少，却一直坚持认为读书有用，上代人欠下的教育问题要让下一代来完成。说得多少有点儿功利的色彩，但这种功利还是值得推崇的。我见他哭过两次，一次是女儿考上大学拿到通知书那一刻，七尺男儿落泪了，别人看来那是幸福的眼泪。另一次哭恰恰相反，是他的儿子提出辍学，理由十分充分：看到父亲外出赚钱很辛苦，想为家庭分忧，外出去谋生。那一次他哭了，那种哭结结实实的是心酸。少年时人理解不了父辈，认为劳累很痛苦，等到长大成人方知比劳累更加痛苦的是没有希望。孩子就是这位叔叔的希望，对他来说外出的艰辛劳苦并没有什么，当孩子跟他说自己不想读书了，那一刻对他来说，是人生永远挥之不去的心酸。

人生真正的酸是什么？是你明明觉得快乐是最重要的，然后拼尽半生、卧薪尝胆、凿壁借光地去寻找快乐，终于到了天时地利人和万事俱备的那一天，才觉得怎么也快乐不起来。回过头细数过往，那一路的跌跌撞撞、伤痕累累、且行且珍惜的伤疤却让自己笑出声来。此荒谬虽千言万语亦难道尽。

32

甜

朋友是那种典型的含着金汤匙出生的人，童年对衣服的概念是衣来伸手，对餐饮的概念是饭来张口，到了18岁已然享受了大部分人羡慕不来的生活条件。但和很多富人犯的病一样——他不快乐。从未懂得生活的甜是什么味道，也未曾有过发自肺腑的笑。他觉得自己有心理疾病，就去看心理医生，医生告诉他一切正常，如果不痛快，那就是交往面太窄，可以试着交一些不同阶层的朋友。医生固然说得有道理，可是朋友所在的阶层，使得他很难接触到其他阶层的人了。于是他觉得此法不可取，看我天天写心理治愈类的文字，就很庄重地向我取经，还拿了很多绝版影碟来“贿赂”我。所谓拿人家手软，况且看他黑眼圈浓重，我再不支点儿招，恐怕他真的会就此垮掉。我看着那包装精美的影碟，跟他说：“要不我介绍你进影视业，先从场务做起，不开车，不消费，过一段‘蚁族’的生活？”他认为我疯了，但过了几天他真的去找了我介绍的一个导演，像模像样地做起了场务。像他这样天生的阔少爷干体力活儿自然吃不消，因为这不仅需要付出体力，还需要有眼力见儿。没有意外，坚持干了两个月，他就辞职了。他找到我，就像变了一个人，又黑又瘦，说话也很随性。他告诉我他终于懂得什么是甜了：早上早起、晚上睡硬板床也舒服；早上饿了肚子，中午吃咸菜就干饭也很香；被导演骂太多次，偶尔一次点头觉得很温暖……总而言之，在与苦的“厮守”中，他的甜终于拔地而起。

从出生我们都在寻找甜，可是甜是什么？每个人的定义不同，执着于甜反而享受不到甜的滋味，就像认为相亲可以迅速过渡到幸福，但那种幸福也要经过岁月的磨砺，方知所谓爱情和匹配度，不过是一起给平淡生活注入味道。就像忙碌，忙到筋疲力尽，忘记自己，忽略甜与苦的存在，只是感受，感受生活赐予的种种变化。此可谓一种甜，忘我的甜。

这让我想起先苦后甜的议题。我相信大多数人会选择先苦后甜，毕竟七老八十还在为一把舒适的摇椅讨价还价有些落魄。年轻时能吃的苦，年老并非也能消受，所以才有“少壮不努力，老大徒伤悲”的警惕诗句。但年轻时太拼留下的账单要用年老时的医药去弥补，也显得有点儿可悲。反过来看先甜后苦。典型的例子就是《红楼梦》了，如果曹雪芹能重新安排，贾宝玉是先出家看破红尘，后再去享受荣华富贵和风情万种，还是反之？但我相信这个已然不重要，因为曹雪芹的原有安排表达了人性最高的追求，他为后世留下了遗产，也给了更多人甜蜜，此可谓更高级的甜蜜人生。

人都会死的，与此相比较，那么凡是发生的一切都可谓之甜，但越来越多的人认为死亡是件很遥远的事情，所以用大部分时间证明甜是生命的主题。奈何佛法说人生来就是受苦修炼的，偏离了太远，于是生出那么多所谓的苦。可是有没有想过你的苦在别人眼里是什么？是缺钱缺衣缺住所？那你问问拥有这些的人好了，他真的快乐吗？

33

苦

“苦”字快被很多励志的书籍说滥了，好像人生的励志就跟苦相关。那如此来看，人生也不过如此。在我看来，谈多了苦便相信了人生是苦的事实，即便人生不如意事十之八九，明智一点儿，应该相信浓咖啡也能加糖。退一步讲，苦得有滋有味也是蛮不错的。

朋友们向我诉苦，有的是失恋，原来是天天唱《小酒窝》，突然画风一转变成了《分手快乐》，舍不得删掉的回忆只能留存，然后再一遍一遍地伤害自己。有的是事业崩盘，投入了时间和精力，赔了钱倒也没什么，当初奋不顾身的精神开始叫停，再燃起不知要到何时。有的是家里富得流油却不得安宁，每天上演宫廷剧般的钩心斗角，富丽堂皇的楼宇却越来越像对簿的公堂，没有一个家的样子。

对于上述的生活病症，我深信当事人更多的是出于情绪的发泄，寻找一个出口，并非真苦，因为真正的苦痛一定是无法言谈的，会成为阅历的轮廓，成为沧桑的代名词，成为能心平气和地说“平平淡淡才是真”的资本。活到一定年岁，谁手里没有一些名为道理的撒手锏？虽然旁观者清，奈何旁观者如何能够感同身受那世上最难说清的情感？不如保持沉默应和抑或递擦眼泪的纸巾，睡一觉第二天醒来，你若打电话过去问他心情恢复得如何了，很可能得到的答复是：“昨天发生了什么？……那什么……有需要帮助的，你开口啊！……”这样的转变何曾让昨日的苦闷留一丝痕迹？但我认为心胸宽广的人才会解脱如此之快。

人们常说苦尽甘来、好事多磨，劝导吃苦的人继续吃苦，一直苦下去就能得到该有的甜蜜。奈何人生并非数学公式，只要用对了公式和字母，就能得一个满足所有人的答案。见了太多怀才不遇的案例，渐渐地对那一套绝对的理论失去了信心，因为曹雪芹写《红楼梦》绝非为了登上作家富豪榜，华佗为写《青囊书》亲自尝药，也绝非沽名钓誉，除了救死扶伤，那妙手回春的医术也需要生活给一个施展的契机。到了我这个年岁，一个人虽然下班回家后空气冰冷，内心平静之余亦有一丝失落，却也没有当初的那种《一个人的浪漫》的刻意渲染。我会用心地做一顿饭，看一场有营养的电影，慢慢地失去对情绪的关照，融入流动的时间中，看到生活的本真。那该来的浪漫一样不少，那无底洞的感情深渊还要深多久没关系了，且行且自然。如果无意中捡到彩票，或有人暗送秋波，也不会因此心花怒放，因为不想因为满怀期待而招来失望的结局，不把爱定义得那么高，反而爱得轻松甜蜜，不给苦闷加入的机会，这样的恋情反而经得起考验，洞见智慧。

没错，人人都讨厌苦闷，苦闷来了恨不得全世界的人都来安慰，受安慰之后才发现医治本心的只能是自己；苦闷走了，又觉得甜蜜不足以让生活有奔头，拼命折腾之后对后果有了或重或轻的领会，于是看懂了生活的套路。我常常自言自语：苦一点儿没关系，快乐也不见得多美丽，不祈求生活能给予我多少，只要不寻死觅活，多写一行字，多看一本书，就不辜负生命。

我只是认为人生短暂，不拿来燃烧是一种浪费，但至于用苦闷烧出的是梦想成真抑或海市蜃楼，对于生命本身不重要，只是相比较痴人说梦，永远活在空虚的幻想和麻木中，这条不归路异彩纷呈。

34

辣

人生的酸甜苦辣，不喜欢甜的人是少数，但苦不一定记忆深刻，反而一个辣字却能刻骨铭心。

追求姑娘就很能体验辣的好处，你温柔过火，会越温柔越尴尬，本来挺好的恋情，到最后没办法相互表白，你成了姑娘的蓝颜知己。苦痛过度，会越苦越于心不忍，在手臂上刻字，肌肤的痕迹只会变成幼稚的宣泄。而动不动就说“能为你去死”，姑娘们的安全感反而接近零了，一个不爱自己的人何时能更好地爱别人？甜蜜发腻，会越甜越觉得不够，就拼命地想要加注，可再深的感情也会在生活面前归于平淡。若最后没经历过苦，那甜就会变得麻木，一旦松懈，台词就会脱口而出：“你怎么不像以前那样用力爱我了？”但与上述相比，辣就可以理解为轰轰烈烈、果断直接，喜欢上了，就拿出雄性霸气的一面，大大方方地去追求，给姑娘足够的刺激，反而事半功倍。为什么很多姑娘最深刻的爱情往往是初恋？因为当初青葱年华，双方对爱都是毫无保留的，用尽全力去爱，最终经过跌宕起伏后手到擒来，那种荷尔蒙的刺激深深地烙在脑海里，令姑娘们一旦想起立即全身发麻，“旧病”复发，可谓深深地验证了那首《痛并快乐着》的歌曲的内涵。

彼时我脑子一热就选择了写作这行当，文字工作不同其他，就像自己写的故事一样，起承转合一样不少，往往有瞬间梦想绽放的精彩和骄傲。但有好就有坏，梦想破灭的时候也常常发生，所以我应该是经常和辣打交道的常客。写了一本书，被读者认可，很可能就一炮走红，三至五年内享受此书带来的辉煌和荣誉。那种辣极大地喂饱了漂浮不定的虚荣心，但一旦不好，也得接受当初呕心沥血换来的惨淡业绩。即便如此，从一个美术学专业生到音乐爱好者，再到攻读建筑学学位，再从画图的世界里抽离去写网络小说，而后从虚拟的网络小说大潮中成为一名兢兢业业的编剧。回过头去看，倒也不辜负青春时最热烈的那一环节。可是无数个日日夜夜又不得不为理想埋单，因为不想以后的生活向我“算账”，所以如今熬夜我已不提烦恼与抱怨，只想踏实地将“折腾”二字在我这里演变成：折去过去的阴影，给新的光明腾出最佳的位置。

除了折腾，遗憾也是生活的一部分，你要为当初的选择负责，去接受人生给你的低谷，去重新洗牌，接受生活的新考验。但即便如此，相对于平淡，往往生活中说得最多的“折腾”二字很自然地成为书中的英雄和银幕上的主人公。现实中你让一个人顶撞上司都是一件很难的事情，何谈为改变命运的折痕重走一回青春？但从沉默的大多数人的角度看人生，不可不公正地讲，年龄越大责任越沉重，选择往往会更少。为别人活是一种悲哀，但如果悲哀能够换来最亲近人的幸福，那么这悲哀也是值得的。于是这恶性循环会继续循环下去，就成了更深度的悲哀，它驶离了生命最原始的状态。但说一千道一万，通晓这些道理又如何？除了边缘者的称号，这些折腾的代表都被偏执的性格逼成特立独行的艺术家了，不知道该庆幸还是继续悲哀？

这让我想到，如果当下发生的一切像一张纸，那辣味就是纸上最显眼的折痕，它改变了纸张的方向和造型，也赋予纸张最特别的形状。所以别去拒绝，接受生命中的种种可能，才是不虚度每一秒的醒悟，才敢说“生又何欢，死又何苦”，才算是为将来完整地给一生画上圆满句号做好了准备。

35

咸

朋友愁眉不展，诉苦说压力太大，不快乐。我说具体来讲怎么才能快乐？朋友掰着指头说，旅游、美食、骑马、遛狗、购物……大多是消遣类的活动。我说这些尽你所用最多占据你三分之一的时间，那么剩下的三分之二时间如果不快乐的话，如何真正使自己快乐起来？毕竟血管扩张后，冷却下来才是主流生活，连热播电视剧都是广告铺天盖地地填充才显得追剧有意思，快乐的首要任务应该是接受平淡。

在念书时，最渴望的就是假期，距离假期不到一周，心已经随着假期的节奏摇摆了。终于等到假期来临，疯狂地将想要玩的东西依次玩一遍，过后嘴上大喊开心有滋味，内心却有种从高空坠落的空荡和不足。空荡的是一拨刺激过后，下一拨更烈性的刺激何时来到？又以何种方式完成？不足的是最美好的莫过于想象，当想象与现实拉开距离就会让人意兴阑珊，感慨如果一直停留在想象中，会不会越来越美。一如旧爱，青春年华爱得死去活来，恨不得每一秒都手牵手海誓山盟不离不弃；终于到了不为青春后遗症发愁而为前景发愁的关口，热恋变成绝情，难逃分道扬镳的悲剧。而后多年，到了前景丰满而情感变骨感的年岁，对衰老的恐惧不免生出对当初的热血沸腾的怀念，于是拼命寻找旧爱。但等到旧爱归来你又该如何？我想你大概脑子会空白，或吓得转身走掉，从此那似水年华在心中消失得无影无踪。习惯了平淡如水的生活，明知道当年的酸甜苦辣让记忆猖狂，但心脏已经经不起那样跌宕起伏的拉伸，于是明白大多数人都是这么过来的，我们也不能免俗，咸一点儿才正宗。

朋友评价我的小说提到太多的暗恋、失恋的故事，写出了太多热血、愤怒和挣扎，而这些不过是人生的酸甜苦辣，忽略了人生最重要的滋味，那就是咸。如果说让我们感到痛苦或快乐的是我们的得到和失去，终于买到了喜欢的物品，吃到了稀有的食物，看到脑海中演习过无数次的场景，那就是快乐吗？反之，爱了却没有结果，璀璨的理想折了腰，赚到的钱全部赔掉，那就是不快乐吗？如此算来，人生的快乐也太浅薄和不值一提了。于我而言，快乐是跟平淡生活相处，看雨滴坠入泥土的姿态，看夕阳染红天边的色彩，看孩子学走路的稚拙，看路人过马路的川流不息，这样的快乐易求而持久不息，好过排队在名人雕像前留影的刻意和空虚。

就像爱一个人，从少年到中年，再从中年到暮年，倾慕有多少，激情有多少，决裂有多少，和解有多少，大部分时光是一起早餐、午餐、晚餐的枯燥和重复。如果不够爱就不要在一起，那对爱的定义是狭窄和偏激的，何时才能给心灵找一个安宁的港湾？我不信爱情会变成亲情这样的话语，但我相信爱情会被生活融化，最终变成生活本来的样子，归于平淡。就像尼克斯所说，婚姻是一本书，第一章写的是诗篇，而其余则是平淡的散文。就像葛彷所说，平淡而到天然处，则善矣。总之，有不甘平淡的人，没有最终不是平淡的人。

如果你寄情于动力火车的“让我们红尘做伴，活得潇潇洒洒”，那么如若出门觉察不到红尘，只能吸附烟尘，那潇潇洒洒从何来又从何去？

如果你寄情于打电脑游戏，那关掉电脑去吃饭和睡觉，是否亦有不打怪兽升级的空虚和无为，如何让欢腾的心平静下来？

如果你将希望给了婚姻，以至于结婚生子，如果婚姻戏剧里的主角罢演，那这出戏剧是从喜剧变成悲剧，还是就此生硬地给出一个大结局？

如果说生活叫作平淡，快乐叫作热烈，而从数学的角度看，快乐是生活的子集，那能不能说快乐也只能由平淡来构成？

36

苦难也有忌口

都说“吃得苦中苦，方为人上人”，可苦也有忌口，就像药一样，有人吃了过敏只能弃药，有人药量加倍奈何命丧黄泉。

每当看见婴儿出生，我都有种冲动想跑过去，在他白纸般的听觉记忆里轻轻诉说：愿你生得乖巧，无病无灾，父母疼爱，读书轻松，职业坦荡，赚钱容易，爱人相爱，孝敬父母，早生贵子，贵子沿着父辈的轨迹继续重复这样的生活……可是人生不像逢年过节的祝福语一样美好到零瑕疵，随便采访一个人，也未必敢说去年一年零感冒、零失眠、零暴躁。于是就有了坎坷。低级的坎坷，可以用“小事一桩何必在意”来消遣；中级的低谷可以拿“失败是成功的垫脚石”来慰藉；高级的苦难，就可以用“自古英雄多磨难，从来纨绔少伟男”来砥砺自己。可是抱歉，我不是英雄，大多数人也不是英雄，所以无法对号入座。即使一不小心真的被推上时代的舞台，成为英雄。如果把有天赋的歌手叫去画画，将精明的商人叫去演戏，把模特叫去做大厨，那么苦难的意义只会证明他们不合适，并夺取了他们的自信和勇气，成为令自己厌恶的“废柴”。

有个朋友念大学时就跟别的人不一样。他是闲不住的人，只觉得大学课程少，过于轻松，感慨辛辛苦苦备考读书，考上了高等学府，却不是自己想要的生活。我说那你想要的是什么，他沉默片刻，眼神十分迷茫。而后再见到他，他已然开始每天东奔西跑，只要能让他闲不下来的职业他都接受。如此一来，他在学校的时间就少得可怜，但也没有出现挂科这样的倒霉事。乍一看这样的生活没问题，直到毕业五年后再次见面，他的转变让我大吃一惊。他跟我抱怨说当初耽误了太多读书的时光，错过了增长知识的良机。

朋友的经历让我思考良久。历练固然没错，在忙碌的岁月里，除了经验的提升，是否会给内心留下为生存就必须苦难的坏印象，耽误了上天赐予的最佳的生存手段，埋没了才华？这就像你让一只趴在桌面上的宠物向自己的怀抱扑来，除了宠物天生勇敢的本性，信任很重要，因信任而生出的对困难的挑战也很重要。一旦它扑空了，撇开再次生出对你怀抱温度的质疑不说，也会在它心中留下被骗的阴影，进而腐蚀掉本来单纯的幻想，那么挑战就是一个愚蠢的行为，错位的经历无疑就是毫无必要滋生的后遗症。

从小我们就被灌输理想至上的雄心，进而又学会攀比，比如他要做警察，你好歹是科学家；他做科学家，你好歹是地球超人。可是地球超人是什么，不存在好与不好，没关系，能比下去就行。在如此高压的理想鞭策下，人的内心除了动力之外，会有种力不从心的畸形心态。理想确实如同摘星一样浪漫，可是为理想所付出的代价也会像愚公移山一样遥不可及。如果在攀登到另一座高峰之前，我要为此丧失掉我的双脚，那么即便到了目的地，于我而言又有何意义？能给我拍照告诉全世界我是赢家？能留在历史的功碑上被后世敬仰？都不能。我得到的只是自己再也不能想走就走，再也不能走泥泞的小路、越可爱的小山丘，再也不能走到爱人的身边牵着她的手说："我想和你一起奔跑，向着最初的梦想。"

37

为一粥温饱认命，为一枕黄粱任性

前些时候流行一句话叫“愿你能朝九晚五，亦能浪迹天涯”，被很多上班族奉为理想中的生活方式。奈何现实往往背离理想，除去不加班的周末和其他各种少得可怜的假日外，这个“浪迹”连一个省城逛一遍都是问题，何来的浪迹天涯？

自认为文字行业虽然收入不稳定，不去坐班倒也显得十分自由，最起码说走就走，手里的工作也可调配时间完成。直到深入这一行当，才发现并非如此。写字需要灵感，好的灵感能事半功倍，但很可能浪荡数日回来后脑袋仍旧空空如也。即便大有收获，可是游玩的自由和乐趣在哪里？时时担心写不完字拿不到稿酬，担心会不会这样玩下去要用后半辈子来偿还，真是一个十分困惑的问题。如此纠结，不如试试上班的生活好了，可是从编剧天生不安分的本性来看，这无疑有种家养老虎的感觉，不知道何时突然野性爆发，伤人伤己一走了之。所以，敏感而又能自控的人，做有点儿梦幻却也有可能梦幻绽放的职业会比较好。

有时候，最怕年幼的人问我这样的问题：是为一粥温饱而认命重要，还是为一枕黄粱任性更值得？坦白地说，这是没有答案的问题，可是又不能不回答。于是以幸福名义嘱咐问话者先温饱再去仰望理想，关键时刻，为温饱放弃理想也未尝不可。嘱咐完毕，又会觉得自己做不到的决定强加在别人身上，自私有余还有点儿不近人情的残忍。当然一定会有接地气的人告知说：要选择能养活自己并且自己喜欢的职业。但抱歉的是，能养活自己且一直喜欢的职业存在吗？难道开始的新鲜感不会被日复一日的重复消耗殆尽？所以，我们钦佩那些几十年如一日孜孜不倦热爱手中事业的人。到了一定的年龄和条件，坚持无疑使理想更具有实现的价值。

有一项调查说，毕业生收入每增加1.72%，辞职的概率减少约15.2%。这样的数据统计说明在现实面前金钱会影响人的判断，但有什么关系，为了理想忘记肚子饿的人毕竟是少数，所以没有理想与现实哪个更重要的问题。在快乐的天平上，如果现实更多一些，那不妨歌手先放下吉他去打字，写手先放下笔杆去销售商品，等到觉得苦闷占据了生活的全部，又有退回的可能，不妨去为理想出最后一把力，但有必要记住一句话：人生短暂，入行谨慎。反之，如果为了一粥的温饱苟延残喘，不妨放下手中的工作去旅游，回到出发的地方去寻找初心。如果仍旧不快乐，就放手重新开始。如果没勇气，唯有认命——难道为了心情要毁掉眼前的生活？划不划算，自己应该心知肚明。

有种说法叫“利令智昏”，在利益面前，你会放弃一笔钱而选择一次难得的旅行，还是卖掉智慧结晶换得一杯羹？前者显得有点儿可惜但却很可爱，后者划算却有种淡淡的失落。没了金钱可以再去赚，但如果那次旅行错过了，即便日后有时间有机遇，也买不到那一段浪漫而疯狂的念头。智慧结晶也许一生只有一次，为了一杯羹送入他人之手，后来要用多少次的后悔才能弥补当初脑子一热造成的代价？在事事讲求公平的今天，为了最终的快乐，不忘初心，随心而行。

38

有习惯走遍天下

心理学家做过统计：坚持重复21天以上，你就会形成习惯；若坚持重复90天以上，就会形成稳定习惯；如果能坚持重复365天以上，你想改变都很困难。同理，一个想法，重复21天，或重复验证21次，就会变成习惯性的想法。

这样的结论让我突然想到最近一个朋友失恋的事情。他说按照这个逻辑，那么坚持重复忘记对方21天，他就会渐渐地习惯目前的状态；若坚持重复90天以上，他会由看到她的样子就痛苦转而变得平静；如果坚持重复365天以上，也许他就会从试着忘记变为厌烦那个人。

对此我给他的结论是：道理是没错的，可是感情不像早上起来喝白开水，它不是一种你刻意练习就能形成或克服的习惯，比如你听了情歌或看了言情剧，再被街上某对情侣做出的同你和她当初一样的暧昧动作刺激，那你所认为的那些“坚持”和“重复”根本派不上用场，自动崩塌，于事无补。总的来说，感情不由人，有人天生情种，爱一个人爱到老也时有发生；有人遵从失恋患者半年康复的规律，时间一到就忘记了对方。但我认为，习惯是有用的，试着忘记，才能给对的人来到的空间，总不能让新的人和你一起祭奠逝去的情感，那这样的感情算什么？

有个朋友，长相一般，工作努力，喜欢一个身材高挑、十分挑剔的姑娘，身边的人都劝他放手，但他唯一的特点就是喜欢尝试。他和姑娘套近乎，“推销”自己，姑娘和他吃了一顿饭后就突然把他当路人了。朋友很生气，认为就算对方不喜欢自己，也犯不着把自己当成要饭的吧？——见了自己就像躲瘟疫一样，就差捂鼻子了。于是朋友通过“贿赂”姑娘的闺蜜去打听缘由，终于得到原因——说朋友吃饭吃相很丑，走路很快，又抽烟，说话又不会挑好听的说，人长得不帅就算了，还不会打扮，真是失望透顶。朋友听了信心受到极大打击，跟我发牢骚，我劝他说：“本来姑娘对你印象还不错，吃了一顿饭就变成这样子，还不改掉坏习惯？”朋友努努嘴，算是承认了，但眼神却不屑一顾。我知道他是那种不见黄河心不死的人，一定还会有行动。果然没过多久，就传出他和那姑娘成为情侣的消息。我听到后简直有种中了彩票的感觉。后来得知，朋友自那以后疯狂地追求那个女生，每天准时出现在她的视野中，基本上结结实实地验证了死缠烂打的烂招数。招数虽然有点儿老土，可是蛮有效，姑娘形成了看不到他就心慌的“坏习惯”，于是就渐渐地“掩盖”了对他当初形成的认知习惯，牢牢地中了所谓爱情的毒。真是一个让人哭笑不得的爱情故事。

曾经给自己定过习惯套餐，比如每天跑步30分钟，晚餐不吃主食只吃水果，早上起来喝杯白开水，晚上看看电视新闻，走路不弓腰，每天减少两支烟，放慢语速说话，等等。回过头来看，有些就此形成习惯，改变很困难，倒也乐在其中；有些半途而废，心里留下些许遗憾，再继续比开始少了新鲜感，但也很快顺手。想要说的是，所谓的气质，不过是习惯组成的光环。有人抱怨自己运气不够好，殊不知出门谈的是业务和心情，销售是自身，是一系列恰到好处的习惯。所以，姑娘们择偶的标准都将绅士列为第一条，温柔的眼神，迷人的微笑，知冷知热的话语，都是习惯演变而成的魅力，成了第一印象加分的机会。所以，说爱情都是缘分，不准确。

我在想，如果每周列一个习惯表，以此确定下周要养成的习惯内容，那么是不是我的生活就此变得很沉闷？但也许会变得很轻松，毕竟我慢慢地成为一个自信有光环的人，那一点点苦闷算什么。

39

手机如爱情

爱情可以用一些物品来象征，比如玉佩、四叶草、旋转木马、摩天轮、龙凤、海豚等，但要说最贴切的，是吃睡行站都不离手的手机。

当下手机的功能可谓千变万化，各种品牌层出不穷，有时候不是担心刚一上市的手机就被淘汰，而是跟不上手机更新换代速度的人被淘汰。

手机是最像爱情的物品，种类很多，但畅销有口碑的品牌就像门当户对的婚姻、两小无猜的感情，都被高价购买。因为可以拿得出手给朋友看，可以在用时不担心突然死机，成为随时随地都要携带的安全感，成为夜深人静时失眠的倾诉者。但也可能因为新款的出现随即换掉，才知道当初的那款虽然笨拙但已有感情，回想起来心有不舍和怀念，但新手机马上攻城略般迅速占据寂寞如斯的内心，不知何时已经完成了新欢代替旧爱的全过程，真不知该庆幸还是该忏悔。

如果说频频换手机，就像迅疾的时代中人对感情的快捷选择，选择之后心有不甘，那么一个人用两部、三部手机就潇洒阔绰地解决了这个有点儿难堪的问题。拥有两部手机的人，总有一部是新一部是旧，也只能一次“恩宠”一部。而通常人们喜新厌旧，在新的手机上花去了近乎全部的时间，只有在没有电量、信号不足，抑或隐瞒身份时，才拿起那部一个月前充过电的旧手机来用，才知道当初这一部手机陪伴了自己如此之久，翻看当初的照片有点儿莫名心酸，也能够带着怀旧的心理陪它短短的时间。但毕竟是旧的，如何能配得上当下的自己？

于是仍旧没有拿出去见朋友的勇气，搁置在包里让其沉睡，有需求时再拿它出来应急。

我相信大多数人用手机是消遣大于通讯，每天打电话的时间远少于刷微信朋友圈的时间。时代发展如此之快，以前异地相隔，只要通一次电话，就能给爱情满满地充上一年的电量，偶尔发一条短信，也是爱情最高级别的浪漫。那种手机的存在重要的不是它能给爱情加了多少分，而是它就是爱情本身，通讯的功能就像一颗从来不曾想要改变的真心。可是现在我们除了结婚生子，对感情有了更高的要求，要能一起玩游戏，一起看电影，一起唱歌，一起拍照，一起刷微信朋友圈晒照片，一起消磨掉大部分平淡的时光，这样的爱情才算得上及格。可是手机会升级，人也会升级，那么爱情如何升级？

索性选一部最想要、最拿得出手的手机，功能全部信手拈来，不攀比新的样式，因为知道还会有更新的样式出现；不去想假如有一天它坏了怎么办，既然拥有一天，就好好地爱一天，将淡然平静的自己全部交给它，从此无关信息时代的群芳争艳。

40

五色令人目盲

曾经有个异性朋友跟我抱怨，眼看就三十有五了，还未曾被男人深吻过，是不是一种失败？我说那你的择偶标准是什么？她说念大学时她爸爸警告她不能谈恋爱，即便谈了，也要找一个家境良好的男士。我一头雾水，反问这个很重要吗？朋友说当然重要，因为她父亲说，家境贫寒的男子到了社会上，面对花花世界会看花了眼睛，变心在所难免，五色令人目盲嘛。

坦白说，我对朋友的这番理论无话可说。要去赞同吧，物以类聚，人以群分，既然你找了跟背景不相关的人谈情说爱，那么一定是抛开其他因素真情投入了。爱情重要的是投入，如果担忧以后，那就不要谈恋爱好了，婚姻毕竟是风险与喜悦同在。要去反驳吧，见色起意、意志不坚定的男人也不少见。人是有欲望的高等动物，喜欢体验新鲜感，在社会的大染缸里难免会变色，所以感情跟生活的环境有关。学校里纯真可爱诱惑较少，一旦进入都市化的环境中，在忙碌和热血的挤压下人会晕头转向，不自觉地就走入了死胡同，将当初和心爱之人你侬我侬的过去抛到了九霄云外。这样的故事不说也罢，简直有点儿俗套了。

但值得一提的是，老子的《道德经》里说：五色令人目盲，五音令人耳聋，五味令人口爽。单讲五色令人目盲，本义是五彩世界让人眼花缭乱如入迷丛，四处乱望却不知所措，整天只为了这些迷人眼的色彩而忽视自身的感受，也许活得不如一个盲人。因为相对来说，永存在盲人心中纯粹的美好胜过这些繁花似锦，他们过得简单轻松。本义自有其道理，倡导的是一种清静无为的生活方式，可是活在这个现实世界里，如何躲得过光色的浸染？既然躲不过不如用心去体会，保持住本色，五彩未必能够同化你。如果害怕破坏内心留存的美好印象而不入世，那岂不等同于因噎废食？

就像你对爱充满了憧憬，把它作为幸福生活的重要基础，许下无数个爱一个人到天长地久的心愿。可是在牵手情投意合的恋人之后，短短几年就分手了，受过感情的伤让你就此悔恨与世界亲密接触。但终于有一天，你找到了自己的真命天子，历经了诸多波折和误会，两人始终在一起，你学会了如何去爱，也学会了如何去享受爱。那曾经受过的感情的伤，也不过是正餐享用之前的配菜，何悔之有？

说了这么多，我依旧同意老子所说的五色令人目盲的境界。人间有诱惑，要保持初心，世界太吵闹，要多聆听内心的声音。朋友交多了要记得当初最用心的那一个，情歌听多了要

知道哪一首最适合自己，恋爱谈多了也要明白能动心已经很难得，美食吃多了，有一天胖得已认不出自己本来模样，亦可以告诉别人：我体胖，幸运的是我心宽。

41

言之有物 才是情有独钟

多少次被影视剧中女方向男方做出的真情告白感动：我不要全世界，我就要你，哪怕跟你吃苦也能吃出幸福的味道。对这样不谈金钱只谈感情的姑娘，我当然会竖大拇指，同时也替男方遇到这样的姑娘高兴。但经过今年的一个情人节，我想对男性朋友们说：情话再美，也得用物质点缀；真爱再好，送给真爱的节日礼物都不能少。

事情还是要从本年度的情人节说起。那天，我作为被邀请的编剧去影视公司参加剧本会议，因为彼此熟悉，那一天大家开玩笑调侃节日里各种好笑的新闻。我发现这一天公司里好多姑娘都收到了玫瑰花，让我惊讶之余感慨如今的男性同胞开始情商逐渐拔高，看来我国夫妻的婚姻质量又会有所提高了。我注意到有一位女职员没有收到花。坦白地说，我很意外，她和她老公的感情大伙有目共睹，隔三岔五就秀恩爱，但是这样的日子她没有收到花，莫非是两人感情出了问题？但很快这个可能性就被排除了，因为我听到她和老公通电话说了一些生活琐事。看得出来她这是在掩饰尴尬——办公室所有女同事都收到了花，唯独她没有。我不知道是她的老公忘记了，还是他们之间的感情已经到了不需要买玫瑰花向外界证明的地步。但我明白，这个世界上不喜欢花的女生是十分稀少的。我能从那位女职员的眼睛里看到她那种淡定之外的失落。

情人节本来就是一个十分畸形的节日，多年来不知道捣碎了多少对恋人，但那束花真的不是很贵，抛开情商不说，这样做也显得你心里真的有对方。不买也可以，除非你能够抵得住除了情人节那天之外，剩下的364天情人的唠叨。

以前物质贫乏的年代，能够用物质表示感情深的人很了不起。如今生活在小康时代，谈起爱来，甜言蜜语固然不可少，但一毛不拔显得很不真诚。曾经看过一段话说：什么叫爱你，如果他有一百万，给你一万，那叫责任；如果他有一百元，给你九十九元，那就是真爱。把爱情定义得这么赤裸裸也是有点儿恐怖，但从侧面说明了你在对方心中的位置。即便有一天，对方移情别恋爱上了别人，当伤心之余翻到你以前为她买的物品，那种感动之情也足以让她坚定的内心重起波澜，眼泪扑簌而落。

在这件事情上，我一直坚信口口声声跟你要新款提包的姑娘并不是真的爱慕虚荣，她要的是你的承诺和在乎，你若是拉上对方的手就去购买，说不定对方还不舍得消费你的金钱。与此相比，更可怕的是从来不跟你提物质的姑娘，等到哪一天你惹毛了她，她可能当即给你撂下一句：“你从来没给我买过任何东西！”接着，就拎包走人了。这样的感情才可怕，因为不是真的深爱对方，才会觉得对方的自尊和缺点是无法忍受的。

写到这里，我突然看到一个有趣的段子。

老公情人节发给太太一个520元的微信红包，后来太太发给老公一个5.20元的微信红包。老公打开微信一看，对金额悬殊之大感到震惊，责备太太多此一举，但太太回复了一句话：“你懂什么？这叫我爱你总比你多那么一点。”

好一个我爱你比你多一点，有文化真可怕。但太太毕竟是太太，话锋又一转，说你给我的红包，我用它给你买了一件换季的衣服，叠好放在柜子里，等你回家试穿。

试想如果你是那位老公，会作何反应？恐怕是鼻子发酸，幸福的眼泪夺眶而出。

都说爱情被平淡的生活冲淡了，可是即便是真的淡了，也要有淡的滋味，成为两人爱情的专属味道，这样才不辜负曾经互换戒指的那一刻，不是吗？

42

红颜知己，还是情非得已？

听到一句话说：婚姻里出现第三者不可怕，最可怕的是对方有了红颜知己。

这句话是从最近一个朋友口中听说的，他最近感情出现了大问题，用他自己的话形容，就是从哲学层面来讲的问题，属于更高级的问题。像我这样读过一些书的人自认为对一些怪现象能够进行鞭辟入里地解读，但从朋友的眼神里看出，这次恐怕功力不够。

朋友告诉我他有一个红颜知己，认识已有五年之久，如今突然发现了一些问题。我被他的话搞得一惊一乍，让他别啰唆，挑重点说。他说他发现这些年来他很爱自己的太太，认为太太是这个世界上最好的太太，但他的心在几年前就已经给了那个红颜知己。我轻蔑一笑，心里想：说得那么高尚，还不是移情别恋吗？但当朋友给我进一步解释时，我才明白原来问题非同小可。他和红颜知己的认识以及接触，他的太太都知道，甚至他的太太也和他的红颜知己情同姐妹。这样的关系似乎有点儿奇怪，但朋友向我保证说，他真的从来没有对那姑娘动过心，只是总是愿意把真实的自己摊开给对方看，而在太太面前虽然也很自然，因为毕竟没有越过那个雷池一步。

我说那你跟我说这件事是为了什么？他说希望我能给他一个让他安心的理由。他觉得他对不起太太，又不能跟红颜知己一刀两断，因为这样三个人都会受到伤害。我喝了他的酒，自然要为他出谋划策。我对他说："那你继续下去好了。这样的关系本身是没问题的，最起码在你意识到有问题之前是健康的，是你自己起疑心了，不如索性顺其自然，发生什么就承担什么好了。但有句忠告还是要说，我不是那种强行改变别人观念的人，但你要记得这个世界上真正爱你的能跟你一起生活的只有你太太一个人，而这个世界上能够不嫁给你却又愿意成为你心灵伴侣的人也只有你的那位红颜知己。每个人的角色都是固定的，不能换了位置。”

我相信，这个世界上，像我朋友这样幸运的人不多：既能深深地爱着一起生活的人，又能有不同于太太的角色填补内心另一片空阔草原，且从来没有想过跨过雷池的那一天，交往下去亦不觉得难堪。大多数所谓红颜知己的关系，就像这篇文章的题目一样，可以用“情非得已”来形容。在这种情形下，所谓红颜知己是没有开花结果的第三者。因为不能毁掉当前的家庭生活，又想要给一成不变的生活多一些异样的色彩，于是就火中取栗去冒险，找到一个肯陪自己玩暧昧的女子，自欺欺人说是红颜知己。而后跟红颜知己一直暧昧下去，火苗越燃越烈，终于有一天按捺不住心底的欲火出轨了。

要知道，爱情很美，也有开花季和落花季，别在开花季认为自己要迅速找一个最佳伴侣进入婚姻，而错过体会爱情规则的时机；也别在落花季觉得找一个红颜知己可以应对七年之痒，重走青春，以致焦头烂额。

43

养花养出好心情

对我这样不擅长养花的人来说，劝导我养花能养出好心情，就等于说从《广岛之恋》中听出我从来没爱过一样艰难。

热爱养花者对养花感情之深，是从那次我帮姐姐家看护花开始领教的。姐姐和姐夫出差，那段时间我正好空闲下来，就在他们家每天看韩剧休息大脑。他们家养了很多花，除了绿萝和兰花之外，其他的我概不认识。他们出发之前再三交代了每一盆花的养护方法。对我这样没有任何经验的人来说，学得极其小心翼翼，但心中却没有概念——如果不慎养死了一盆花，对它的主人来说会有什么后果。我当然不是那种敷衍了事的人，那几天我算是兢兢业业按时给花浇水。遗憾的是我对浇水也没有概念，或多或少或早或晚，但我心想只要有水，花就不会死去。

我的确是一个花盲，姐姐、姐夫刚回来我就被他们训斥了一顿，我满头雾水，一肚子的委屈。被姐姐拉出去一看，一盆已结果的柠檬死掉了，但明明前天还枝繁叶茂的，怎么说挂掉就挂掉了？简直比养金鱼还麻烦。那一次被姐姐数落了好几天，也亲眼看到她失落地把那株花从花盆里扒出来扔掉了。

真是不堪回首，从此我明白盆栽对于主人的意义，后来再有人让我帮忙照看植物我都会一口回绝。

然而附庸风雅，我家里也养了几盆花，都是朋友推荐容易养护的，只要按时给它们浇点儿水，就会一直生机勃勃下去。从养花的角度来说心情，倒也搭得上。一盆花从买回来置土、浇水、施肥，给予适宜的温度，是一个耐心活儿，一定要喜欢才能坚持下去，这其中还要随着枝叶的荣枯而心情或起或落，真是累并快乐着。

老舍曾说过养花的乐趣，有喜有忧，有笑有泪，有花有果，有香有色，既须劳动，又长见识。这段话大概把养花养出的百态人生道尽了。开花有时落花有时，人生亦如此，收到录用通知或中了彩票高兴之余，也会想到失去机会或失掉一笔钱财不过是寻常之事，反正既然去做了就有余地可以退回，怕什么。欢笑有时眼泪有时，一着不慎花儿突然死去，辜负了长久细心的栽培没什么，萌芽被窗外的阳光晒得弯腰，一场雨后立刻挺立也是难得的惊喜。香味有时色味有时，嗅觉和色觉是生活的必需品，一夜之间看到生命力强健的花儿的色香味俱全，也看到了生活的精彩之处。再说劳动。辛辛苦苦亲手栽植的花儿，都是于你有意义的，因为你见证了它的成长，你给了它第二次生命，说你跟它是根与叶的关系也未尝不可。最后说长见识。从购买花种，到植土、浇水，再到施肥、祛病，看到花开花落，难道不是看见了一个人的一生吗？

养花会养出心情，好心情、坏心情都不打紧，当你开始如此行动之时，亦是和生活达成和解之时。从一片绿色里看出上天对于生命的恩赐，正是崔护的“去年今日此门中，人面桃花相映红”。

44

浓妆淡抹总相宜

女人最怕没有什么？安全感？不是，安全感等到遇见“真命天子”即刻充满，有时一个人时间久了也能自然养成。怕肥胖？不是，肥胖的姑娘大都运气不错，嫁了爱她的先生，生了白胖的儿子，偶尔被人嫌弃衣服不合身，大不了忍受美食的诱惑一整年，也能恢复理想中的曼妙身材。那女人最怕什么？我自诩了解女人，却不知道原来女人真正怕的是衰老。

剧组拍戏的时候遇到过一个女上司，人很精神，却有点儿邋遢，年过四旬就放弃了打扮。看到她每天素颜开会，我在想她的老公一定是个有修养、有耐心的绅士，才促成太太无须修饰也能过得十分安逸，不去理会岁月的侵蚀。

然而往往想得越好，现实越是跟你我唱反调。有一次我看到女上司在休息室里趴在咖啡桌上默默流泪。我十分惊讶，从没看到她这样。她见了我收起悲伤的情绪，故作正常地跟我聊工作。我说："我虽然年龄比你小，但懂的道理不见得比你少，要是信得过咱们剧组的编剧，你可以试着跟我诉说，说不定我们能有一样的认识。"

一句"一样的认识"让女上司沉默片刻，终于开了口。听她一口气说完，我既意外又觉得在情理之中。她老公要跟她离婚，理由是受不了她每天那么不修饰的生活，觉得活得一点儿质量都没有。女上司当然要反驳："以前为什么不说？是等着我变成这样子当作借口跟我摊牌吗？"

跟我聊天后不久，女上司抽了个空回到北京见到了丈夫，至于发生了什么她没有细说，但结局是好的，她丈夫答应给他们彼此一次机会。

从北京回到剧组以后，女上司像变了一个人似的：头发烫成了栗色波浪卷，长长的假睫毛，还涂了口红，染了五彩的指甲油，穿着丝袜和高跟鞋，走路时带出一股高档香水的味道，一下子年轻了10岁。那几天他的先生隔三岔五就来剧组探班。

后来我跟女上司聊到她的变化。她说她和先生恋爱10年，终于结了婚，是那种有革命友谊的婚姻。她从来没怀疑过他们的感情，看到别人家劳燕分飞，觉得到了他们这里没可能。但她忘记了她老公即使再爱自己，也终究是雄性动物，不可避免会喜欢靓丽性感的女人。苍老会给男人增加魅力，而给女人带来的就是害怕被男人嫌弃。她说她仍旧像以前一样爱她的先生，只是不敢坚信两人能相扶到老了。她开始害怕苍老，就像当年害怕两个深爱的人恋爱10年以后如果走不到一起该怎么办。如今走到一起了，决不能让历经的风风雨雨毁在岁月击打的面容上，于是她每天都会跟自己说那句曾经鄙视的广告词：没有丑女人，只有懒女人。

是的，到了岁月催人老的年龄，哪个女人没有几大包用来抵抗衰老的瓶瓶罐罐？哪个女人不愿尝试使用健身房里的器械？哪个女人容得下曾经深爱自己的先生突然盯着街上女青年的腿眼睛发直？女人的容貌在自尊心的构成因素中始终占比最大。输给暴躁的性格，输给剪不断理还乱的误会，输给残酷的现实都不会觉得可惜，唯独输给一同走过的海誓山盟、相濡以沫的岁月，就会觉得无法接受。既然我不能叫停时间的流逝，那时间也休想在我面容上留下痕迹，于是那些美容院和健身房才会生意爆棚，因为那里写着重回青春的誓言。

说到底，怕老是没用的，不如好好地收拾好自己，活出生命该有的样子，男人更喜欢不服老的女性。

45

100场应酬爆发的能量

朋友身家千万，总结取财之道说：“百分之八十的金钱都是在酒桌上赚到的，要学会应酬啊。”既然是应酬，就有点儿迫不得已的意思，就像为了减肥而节食，为了恋爱可以穿讨厌的衣服。

但朋友对应酬的定义很有意思，他说：“应酬就是打怪升级，你永远不知道下一关是什么，但过一关有一关的惊喜。”

有段时间，我频频参加应酬。像我这样以写字为生，天天与寂寞为伍，写完一本书，来到外面的世界就像杨过终于出了古墓，说客气点儿就是有种不食人间烟火的清高，说得直白点儿就是有种矫揉造作的卖弄。但没办法，总不能为了一场应酬我就放弃职业，只能推托，推托不了只好硬着头皮参加。朋友看我在饭局上十分为难，就教了我几个套路，当有人劝我喝酒，可是我根本不能喝时，就顺手拿起一杯茶，问对方彼此是否有感情，对方虽然有点儿费解，大致会点头。那你顺着说："只要感情有，喝什么都是酒。"当然对方肯定不干了，想着新词破解，这时你就一鼓作气地说下去："感情是什么，感情就是理解。"然后边说边把这杯茶一饮而尽，基本上就渡过难关了。可是大家都不是菜鸟，最基本的套路终究玩不过资深的玩家，万一对方不依不饶，来了句："你不喝这杯酒，一定嫌我丑。"这局势立即反转，关系到美丑了，当着众人的面，你要不喝真的就是承认他丑了。对方看你犹豫不决，痛下杀手，又将了一军，说道："感情深，一口闷；感情浅，舔一舔。"瞬间将气氛搞得更加滑稽可笑。怎么办？朋友又出了新招，破解这样的局，要从他后面的话拆解：“如果感情以酒水的多少来判定，那么一杯酒不足以体现你我的感情，不如跳进酒缸一饮而尽，方显情深似海。其实，感情浅，哪怕喝大碗；感情深，哪怕舔一舔。”说完，故作真诚地舔出肝胆相照的豪情来，给此局画上句号。真是像外交官谈判一样咬文嚼字，此种智慧非经验不足者可以应对。

遗憾的是，这些招我至今没学会，于是几场应酬下来，我成了半个酒鬼。

自认为性情豪爽，虽不善言辞但也句句真诚，于是在酒桌上也多多少少交了几个朋友，算不枉那些时日对着镜子骂自己酒鬼的窘态。但中国式的酒局真的十分奇怪，大家初次见面，十分陌生，从一场应酬里就能交出情深似海的友谊来，也能签出千万金额的订单来。以前我不了解，觉得不过是水到渠成的形式而已。但后来我发现人与人之间有警惕感，初次见面不愿意把最真实的自己袒露无遗，而酒水能麻痹人的神经，让人将心底的话脱口而出。更有趣的是，有的人平时庄重严肃，但在酒桌上就成了大娱乐家，喝着笑着调侃应和着。酒过三巡，大家就真的有种一同上过战场后的惺惺相惜。如果酒局平平淡淡，那也算得上大家平平淡淡地共处了一段时光。过后亦觉得曾经有过患难与共的经历，即便是错觉，但这错觉也有几分合情合理，因为酒局一分钟代表了人生的一年。（此中涉及的文化渊源，大概需要一本书才能讲得清楚。）

在职场，没有参加过应酬的人寥寥无几。说到底，每个人都会经历或大或小的酒局，既然躲不掉，不如好好享受。谁说应酬交不出真朋友？那是因为自己初出茅庐，功夫不到家而已。

46

你为什么热爱童年的点滴

早先看到一句话：你如今过得有多痛苦，就会对过去有多恋恋不舍。这就提出一个话题了，过去是当前不开心的避风港，还是越陷越深的泥淖？如果是避风港，那避风港毕竟是世外桃源，偶尔想想就行了，谁能躲在里面待一辈子？要是越陷越深的泥淖，倒也符合常理，因为过于索求乐趣都会成瘾，越贪恋就越不想出来，耽误了修炼破解问题的本领，可谓有毒的蜜糖。

但我是热爱童年经历的，原因很多，说一个普遍的认识，那就是人活着总会有压力，童年的压力说得出来，如今的压力无法言说。从表面上看，长大也不错，没有读书的压力，没有那么多人约束，赚到的钱也足够买得起喜欢的物品……从童年的眼光来看，这就是真正的自由。奈何这其实只是从一个巢穴到一个围栏，内心不自由，走到哪里都会觉得四周都是墙。同样跟我一样热爱童年经历的一位朋友，他和他现如今的太太结婚就是因为他的太太十分怀念童年，几乎到了走火入魔的境地，而他正好有这样一个特长，好像为她量身定做的一样。在夜深人静的时候，朋友的童年记忆准时浮现于脑海，又加上他本人描绘的场景十分鲜活，于是这样的一个姑娘就“沦陷”了。结婚那天被问到为什么会爱上这样一个男人？她的回答是：到现在还不知道到底是不是爱，就是觉得一旦夜晚听不到他说童年故事，就可能整夜失眠了。他是她的快乐，她想要跟快乐结婚，而这个男人正是她需要的快乐的化身，自然就嫁了。

这话说得真是无懈可击，我在想也许她不是喜欢童年的经历，也不是非快乐不可才嫁给这样一个男人，而是他能走进她的心里，知道她缺失的那一块空地应该播种什么样的喜怒哀乐。简单地说，这就是安全感，随时在一个频道上的安全感。而这一点很多男人做不到，于是才会生出这句：“你如今过得有多痛苦，就会对过去有多恋恋不舍。”不是过得不好，是不能找到真正快乐的源头，又怕迷失自己，只能从童年的经历中去发掘内心最真实的那一部分。

我是一个资深的童年捍卫者，快奔三的年龄，总不顾任何场合露出孩子气的一面，而且写了那么多书，大部分又是关于读书时代的故事。家里收集了很多小时候的玩具，时不时还会去光顾它们，似乎有种穿越时光的幸福感和被爱包围的充实感。有时甚至不能理解为什么现在很多刚刚成年的孩子就故作深沉，穿衣打扮也有种男人四十一枝花的苗头，处处透着一股青春没什么了不起的味道。对这些人，我的忠告是：“等你真正到了那个年岁，当你真的了不起了，就会明白当初能笑得出如今没有的灿烂。”

曾经幻想过，如果能够像电视剧剧情一样穿越，自己要回到哪个年代。毫无疑问，我会回到童年，会为一件心爱的玩具开心好几天。如果说我能够改变当初的一切，我会不会去改变？答案是不会。就像那句话所说：不管重来多少次，人都不可能过得比现在更好。我不是那种天天把感恩和知足挂在嘴边的人，却总觉得人生奥妙无穷，要相信它为你指点的每一步，只有走得更好，才不辜负童年不经意发生的一切铺垫。

如果有可能，尽量常回家看看，回出生的地方待上一些日子，不为别的，只为比时间更宝贵的再也回不去的童年。

47

忧郁症与你无关

忧郁症多发在边缘人群，不知是因为所知所求偏执产生压力，还是左脑感性版图扩充侵占了右脑理性区域。总之，将酒和安眠药作为辅助生活正常运行的工具表示病得不轻，不如暂时休假或是调整生活节奏，给身体一个表达自我的余地。

将忧郁症当话题来说，每年各种八卦平台议论不息，大都是从名人因抑郁症离世等案例出发，倾诉当代人生活不堪重负。名人患上抑郁症自然容易理解，盛名之下能不能负都要去负；被“粉丝”追捧，想着如果有一天不受欢迎、过气、失业该如何应对；若是辛辛苦苦，演戏唱歌综艺全都不遗漏地参与，却最终混个不温不火，看着同一时期入行的朋友声名大噪，那种绝望与急迫导致夜夜失眠不难想见。可是平常人就不一样了，生活不仅不能享受，还有一系列分门别类的问题。楼房没买，随时觉得漂泊无依，拼命赚钱却被财不入急门的定律限制，最终被迫放弃旅游，放弃购物，放弃美食，放弃一切本来优越的条件换取一砖一瓦的定金。放弃若是心安也值得，奈何放弃只会换来更多的忧愁，五彩的生活在眼睛里一点一点地蜕变成灰色。吃住行大体都解决的人，生活也不见得如外人想象的那样光鲜和清闲。就算没有债务缠身，每天也得为眼前的生活忙得不可开交，吃得最多的美食是应酬，穿最昂贵的衣服向别人展示，开的车子若是被限号会像鸟儿突然失去一只翅膀，工作上更是不给感性留一点儿存活的机会……这样的人生一旦有一丝变故就瞬间崩塌，不得忧郁症反而不正常了。

但即便如此，忧郁症也并非人人会得，因高处不胜寒产生寂寞，抑或因低落尘埃滋生困扰，貌似浑浑噩噩，大脑像中病毒一样难受却因处境变通药到病除。居高临下者，一旦换个角度，就能看到天外有天、人外有人。不是他人不理解你，而是你还未碰到与你知识体系相匹配的人，所谓“知我者谓我心忧，不知我者谓我何求”，大概就是此道理。一朝运气欠佳抑或怀才不遇，便感慨人生不如意事十之八九，其实变化有时就在一瞬间，一旦抓住时机，一鸣惊人也是指日可待的。所以，很多忧郁症患者不过是低谷时产生的自我跟自我的较真对抗，不放过自己，睡觉时想东想西空耗时间，活活地逼得自己双眼睁到天亮。可休息不好何来精神？没有精神就会恶性循环，状态一直没有恢复的机会，这样的蠢行为无法得到改观，就会用忧郁症的借口乱投医，真是够麻烦的。

有段时间，我自感患了严重的忧郁症，逢人就诉苦，朋友给的建议也很贴切，比如早睡早起，生活规律就不容易胡思乱想，下午挤出时间去锻炼，跑步是最好的释放压力的方法，不要听苦情歌，不去看怀旧的电视剧，多接触阳光的东西，甚至还有人建议我远离一切负能量的人。总之，简直细致到每天我该吃多少粒米饭，微笑多少次，等等，简直要让我疯掉。遗憾的是，这些方法我都尝试了，却功效欠佳，后来等到我终于走出那段阴霾的时光，才知道心病还须心药医，懂你的人只能是你自己。我试着原谅自己，试着理解自己，试着忘记自己，忘我地投入生活，从最感兴趣的事情一直做下去，渐渐地明白了，大脑是用来实现美好理想的，不是为当前的处境埋单的。就这样，慢慢地我成为拥有正能量的人。

忧郁症与你有关吗？当你思考这件事时，说明你开始接触了忧郁症，但最大的可能只是你的胡思乱想，此刻告诉自己：放轻松，别紧张。

48

瘦身亦能瘦出好心情

自认为不喜欢拍照，突然有一天朋友从一个奇怪的角度给我拍了张特写，她拿给我看，那张照片影响了我那段时间的心情，也改变了我对一些事物的观念。没错，我平生第一次意识到自己已经胖得接近丑的位阶。

早先看过一部韩国电影名叫《丑女大翻身》，讲述一个有天赋的女歌手因为太胖无缘娱乐圈，减肥又没办法控制食欲，为了爱情和事业毅然决定去整容，最终成为光芒四射的女歌星，完成了梦想。看这部电影时，我在想何必那么狼狈地去冒险，虽然容貌帮艺人少走弯路，为推开成名的大门打下基础，但凭着无懈可击的才华和越挫越勇的尝试，反而更能持续不断地红下去。后来一系列残酷的经历，让我知道胖真的不好。新款的衣服没有合适的尺码可以穿，新潮的发型不适合臃肿的脸型，即使勉强打扮得有品位，整个人又会因脂肪的膨胀显得没精神。最可怕的是明明遇到了不错的异性，当对方看了我的照片后发过来几个字：长得太迷人了！朝思暮想那第一次见面的惊喜和浪漫，奈何一面之后再无音讯，回到家中郁郁寡欢，苦思冥想到底哪里出现了问题导致突然失掉了缘分。后来一打听才明白，原来用的修图软件太体贴，修掉的脂肪终于在相见恨晚的期待中变成了大现原形，于是失落之情油然而生。那千思万想的缘分终究是以相貌打底，心中叹息之余发誓明天就开始减肥。

我曾经努力地尝试过一些减肥的方法，唯独不愿意尝试药物治疗，认为风险过大承担不起，即使承担得起也觉得那减肥后的身体古怪得可怕。后来，我慢慢地摸索出一些适合自身的减肥方式。比如跑步，每天挤出时间去跑步，慢慢地增加速度，不仅能赶走一天的压力造成的负能量，也能让肢体匀称，克服弓腰驼背的毛病，肺活量也逐渐加大。最重要的是形成运动的习惯，给每天久坐的身体一个喘息的机会。除了跑步，于我而言瘦身最明显的方式就是节食。以前一天三餐还会觉得饿，于是吃发胖的零食让身体迅速地膨胀起来，如今控制自己一天两餐，中午尽力吃个痛快，晚上就用水果替代，无法填饱，就加大食量。一个月后终于略见成效，胃口变小了，但减下来的体重不足两千克。有段时间忙碌得几乎没有时间想瘦身这件事，只是惯性地坚持着之前的习惯（偶尔有出入）。几个月后站在体重秤上一看，大吃一惊，体重减了五千克之多。慌忙去照镜子，丰满的面额终于消瘦下来，轮廓凸显，试穿以前穿不下的衣服，合适得让人不禁偷笑。终于明白瘦身不仅瘦出好身材，亦能瘦出好心情，还提升了自信，心中的阴霾退去，自然觉得生活处处阳光。

坦白地说，我不觉得胖不好，也不觉得瘦到一定程度就会给人苗条的感觉。如果胖却如杨贵妃般妩媚，那减肥只会给自信减分；如果瘦到无法自控，给人时时需要休息和风吹摇摆的嫌疑，那么美又从何说起？其实瘦身这件事要因人而异，当你觉得健身能给你带来自信，自信的入口只能在骨感的轮廓里现形，那么就去瘦好了，反正也不会坏到哪里去；如果你觉得瘦身只是为了修复心情，那瘦下来的身不如重新丰满的心，何必要拿着瘦身的借口去疗伤，不如多给内心一些温暖，那燃烧掉的冰冷一定比脂肪更加有意义。

49

未雨绸缪 VS 临阵脱逃

三年前写过一段话：煽情的时光遇见绝情的现实，绝情的时光又偏偏有煽情的理想。突然想起这句话，是因为最近在一次饭局上听到了与此相关的谈话。

这个饭局本是朋友的，我被朋友呵斥要多散散心而被强行拉去。到了那里才知道是某家公司几个高管的聚餐，席间大家聊到生存问题，话题跳跃性很大，从花边新闻聊到了心理学范畴。朋友说自我心理暗示很重要，如果一件事你反复暗示自己一定会成功，会反推过来，就是成功的兴奋心理会影响当下的情绪，从而像演戏一样，按部就班地达到了内心尽善尽美的那个结局。于是反对者来了，一个年过四旬的人表示这并非准确，因为人到了一定年纪，会居安思危、未雨绸缪，会将不利的局面杀死于腹中，根本不会去赌运气。一个年轻人也反对了："为什么要逼自己有那样的准备？得失很重要，但得失心成了你做一件事的筹码，那结果又有什么意义呢？"那次饭局让我看到了一个小型社会的雏形，我很期待这家公司后来的发展。

过了一段时间，朋友告诉我说，那个年轻人辞职了，年老的依然在公司里兢兢业业干着。他感慨这就是差距吧。究其原因——在一次工作研讨会上，他们上次谈论的话题竟然奇迹般地重现了，年轻人受不了那种相互压制和敷衍的局势，差点儿当场翻脸，因为都是有身份的人，所以自控还是有的。但那次争论之后，那位中年人依然唯唯诺诺继续干下去，年轻人辞职去找寻新的出路。这件事过后大家都批评年轻人没有耐心，应该像老者学习。坦白地说，我也赞同多数人的看法，奈何我觉得事情并非如此简单。假如几年后，年轻人做着擅长而有风险的事情一下子出人头地，而中年人依然是中年人，工资不增不减，依然重复着当年的台词，那又如何来评断这件事，难道说是命运的安排？其实说命运的安排不过是找借口罢了，但凡在这个世界上颠沛流离后，就会明白靠运气如何能够长久？踏踏实实地靠本领吃饭还挣扎在贫困线上，何曾有被运气推到幸运的舞台让梦想成真的时刻？年轻人没耐力，事事没耐心，那就算了，因为无论千种行业，作为职业都难逃枯燥乏味，有多少合适的职业供你来挑选？但我认为只要心中有理想，有甘愿为理想赴死的心态的话，那就不得了了，一旦抓住机会，飞黄腾达是早晚的事，何必再去计较那些不适合的人事关系。不懂装懂的心理暗示都是给心虚的人看的，因为真正的强者都在发愁，如果做不好一件事就将耽误自己的人生。

当然，人到中年，底线出现，凭着一腔热血就去走南闯北并非易事，因为付不起代价，有妻儿老小的盼望，有晚年幸福的账单，有摇摇欲坠的自尊，有不甘示弱的倔强，只能蜷缩在人情世故的圈子里让自己坚不可摧。反观年轻人，初入社会“碰壁—失败—再碰壁”的循环大概是常态，就此落寞有何关系？技能的训练不是难事，困难的是内心的修炼，终有一天不会辜负当初手起刀落的选择。

未雨绸缪并不一定会淋到大雨，准备是给自己留死守的机会，而临阵脱逃也不一定就此被戴上懦夫和不堪一击的帽子，因为也许从地狱转角去了天堂，但也许就此哪里都是地狱，在地狱中修炼成不坏之身才是亟待解决的。

文末还是忍不住反驳一下那句话，心理暗示自己一定会成功？如果不成功呢？是该相信自己还是相信真理？搞不好就此得了心理病，划不来。

50

海阔天空任你行

朋友抱怨说：过了一个春节，就把自由过没了。原因是她想要去北京工作，双亲觉得离家太远，不舍得之外还有点儿不放心，认为她太单纯，容易受到伤害之类的。可是矛盾的是，她在北京生活五年，工作和社交都已成型，对北京街道的熟悉已经超越了出生的地方，所以无论如何也不能就此罢手的。于是本来好好的一个海阔天空任我行的好事，反而变成了自由和孝心相互说服牵制的尴尬事。

朋友一见到我就让我评理，我说尽管做自己喜欢的事情好了，但做决定之前还是要考虑一下别人的感受。你若是想要做一件事，双亲怎么拦得住？虽然我认为限制别人的自由有点儿残忍，但父母要的只是你对家的眷恋和一点儿让他们放心的承诺，跟自由没关系，况且古话说“家不是评理的地方”，谁能说清自由和亲情哪个更重要？

前不久看到一则新闻说：加拿大44岁男子迈克·布朗堪称世界最牛旅行者，他在过去的23年里走遍全球195个国家。他曾到访印度尼西亚20次，去过埃及2次、印度6次、喀麦隆5次、秘鲁2次、中国3次、非洲12次以及泰国约50次。按照均数计算，布朗先生每年要去8个国家，每个国家待1个月左右，只要安排得当，也能大致将这个国家最精彩的地方走一遍。这样的人生才可谓之“在路上”，基本上是走万里路的典型了。只是我相信我们大多数人虽然都有旅行梦，却只能羡慕布朗先生了。太多约束阻碍了前行的脚步：上班族每天朝九晚五，被手上做不完的报表和策划书束缚；自由职业者虽然不需要每天打卡上班，但时间的变化犹如每天的气温；年龄太小者大脑被简单的游戏占据，会忽略掉心底最核心的美好；年龄太大者体力不支，走了一半的路，身体被掏空的毛病来袭，最后不得不忍痛放弃一些力不从心的地点，留存遗憾。所以，要珍惜说走就走的时光，因为更多时候是时光选择你，而非你选择时光。

职业使然，我做过一个微小的人生规划，想着一年去一个地方旅行，将书本知识和实地勘测相结合，如此能搜集一笔不小的素材，而且也满足了自己出去走走的愿望。到后来发现旅行和工作相背离，工作时想着旅行，慢慢地会讨厌工作，也无法得到忙碌的成就感；旅行时想着工作，那拍照出来的美景都想着是不是可以用作书本的插图；看一遍工作微信群，一种被工作压得喘不过气的头昏目眩便跃然眼前，此时旅行就像看了一半的电视剧，吃了十分之一的食物，扫兴之余亦觉得十分不值得。

每个人都有自己的宿命，安于够用的薪水一辈子安逸地待在出生的方圆几里的地方，也有自己的小世界，谈不上好与坏，但是会错过外面世界的精彩。勇敢地放弃生来就有的一切条件，选择去外面闯荡，连吃苦也是一种幸福，可算得上真的志在千里。曾经羡慕过那些衣食无忧、信息闭塞的小镇村落的村民，也想过就此放弃那压力重重的手头活儿，好好地去享受平庸带来的舒适，如此一蹶不振没什么不好。后来懂得，于我而言那不过是拿着平平淡淡的借口来阻隔人生乘风破浪的洗礼，难免以后会为当初的抉择而捶胸顿足，恐惧当下的自己无法给未来的我一个满意的答卷，那才算得上自卑的根源。

梦想归梦想，唱尽了陈奕迅的《任我行》，也时时提醒自己勿忘那句：千里之行，始于足下。

51

允许悲伤五分钟

所谓当局者迷，于是常抱怨：快乐何以如此短暂？旁观者清，大可义正词严：允许悲伤五分钟。可矛盾的是，当局时不能旁观，旁观时不能当局，于是就明白感同身受这件事有待考察。

从事写作的行业以来，有一些年轻的朋友给我留言说要以写作为业。遇到这种事，我不自觉地规劝他们放手，听起来有点儿残忍。以前看自己喜爱作家的自传，也会写到对职业的感想，多是形容为深不见底的地狱，大致的意思是自己跟自己战斗，写下去会伤身伤心。把写作说得这么残忍多少有点儿夸张，但我认为多是字选人，而非人选字。敏感的人可能处处招人讨厌，平常的一幕也能生出花样的感触来，看起来矫情又不可理喻，但放在文字里却能生出许多风花雪月来。如果真的热爱，那投入进去也未尝不可，但必须提醒的是：一定要为此做好随时悲痛欲绝的准备。

提到“悲痛”二字，就提到重点了。一旦生活将你拉入不喜欢的环境中，为了生存你领了命运给你的入场券，在那场麻木无聊和空洞的活动中，能忍耐自然很好，就当是历练自己，享受其中即可。若一旦对眼前的景象不满意，当即离场，事后势必一边为痛苦的心魔感到烦躁，一边为失去良好的机会叹息悲伤，那悲伤持续到一定程度，就应立即在脑海中悬崖勒马。我曾经遭遇过一次十分尴尬恼怒的经历，事后久久走不出来，那段时间我听到了一位心态良好的歌手告诉我的一句话：允许自己悲伤五分钟。我定了闹钟，决定五分钟一过，就立刻停止难受，立即投入新的情绪中。巧妙的是我以为这纯属刻意为之的无聊心理暗示，但以后再次经历此种难过行径之时，我自然养成了这种五分钟制悲伤，竟然被意外地培养成了习惯。一边感叹大大节约了时间成本，同时也明白悲伤并非如此恐怖，而是由悲伤无限放大的想象将人淹没，无法自渡。

简单地说，当下生活成本太高，莫说为自己喜欢的一切活着，与我们息息相关的生存问题也会随时变得岌岌可危，所以成熟也就成了一种必修的生存技能。而成熟的人大概是情绪控制的高手，莫说是在工作中，就是在家庭生活中也能将喜怒哀乐信手拈来，想想确实是挺累的一件事，可这就是活着的代价。就像刘镇伟拍的电影《大话西游》所定义的孙悟空，曾经无忧无虑的至尊宝最终没能逃开世间的法则，戴上了责任的紧箍，踏上了西行取经路，成为不能为情绪左右的孙悟空。就像他对最爱的紫霞说的那句话：不戴紧箍如何救你？戴上紧箍如何爱你？

生活通常是两难的选择，很难想象如何一边投入繁杂的工作中，一边还要挤出可怜的时间给心爱的人制造浪漫。于是忽然有一天因生活压力而大哭，哭的时候还要想着我是不是太放纵自己的情绪了，不免生出对刘德华的那首《男人哭吧不是罪》的惺惺相惜之情，抹把眼泪说：喝大了而已。

有位哲人说过：“幸福的模式一般都很相似，悲剧的成因却五花八门。”所谓相似的幸福大概不可能是稀里糊涂地进入陶渊明的桃花源，那是百炼成钢后的看透成型和延展，掉着眼泪捧着“幸福”二字才明白这幸福到底是什么，到底有多重。同样，悲剧是什么，于生活而言当下发生的一切皆公平，只是对于不同的人来说，悲剧抹杀了人的欲望，所以才生出那么多爱恨情仇的故事来。但无论如何，我渐渐学会了只为失去而悲伤五分钟，不是变得世俗，而是我明白除了谋生，那仅有的时间给梦想已经付不起，何谈为情绪埋单？

52

娱 苦 圈

为什么那么多人追星？娱乐圈除了带给人五彩光芒下的熠熠生辉，还有游乐人间的自由自在，笑时能淋漓尽致，哭时也显得楚楚动人，简直活出了生命的极致。但并非如此，娱乐圈亦是娱苦圈，用句不太恰当的比喻——金玉其外，败絮其中，心酸都藏在心底，何来的自由自在？

前些时候有个朋友突然跟我说，她想进娱乐圈，当即把我吓一跳。她的理由很简单：首先自己的长相过关（她的确是那种让人一见面就感叹长得真美的姑娘）；再者，她认为我做编剧，差不多半只脚已踏入娱乐圈，带她进去应该不是难事；最后的一个理由相当奇特，她说她觉得娱乐圈的工作要比她目前的工作好一万倍。

我没有立即打消她的积极性，而是采取了摆事实、讲道理的说服方式。

姑娘长得确实如花似玉，胜得过当前娱乐圈的很多女星，但实话实说她的样貌缺少特点，而且单凭样貌在演艺界是走不远的。一方面观众会审美疲劳，一方面青春貌美的影视新秀可以说是一抓一大把。再说以为我能将她带入娱乐圈，就更加不靠谱了。编剧工种属于影业的前期，基本上等到明星大腕出现，剧本已经拿去拍了，所以编剧跟明星接触的机会不多。况且编剧做的工作属于第一道工序，几乎剧组的任何人都可以对剧本发表些个人看法，可以说编剧很少能真正地被行业尊重，这是一个十分尴尬的存在。要我带她入行进编剧圈可以，但编剧圈跟娱乐圈实属两个概念。最后再说她觉得当下的工作抵不上娱乐圈的万分之一。这就说到我要说的重点了。

姑娘从事着拿固定薪水的工作，清闲而有保障，偶尔还能出去旅游，也算是能入潇洒人生的行列了。但假如，命运真的乱点将，将她引入娱乐圈，恐怕不是大放异彩的开始，而是幸福到头的预告。

这么说，并非有意诋毁娱乐圈，我相信大部分出色的艺人还是能享受职业带来的荣誉感。可是一提到荣誉感，就提到姑娘进娱乐圈这件事的根本了。假如她立志做一名出色的演员，考取专业院校，慢慢积累经验，等到有一天角色匹配，赶上时运一炮走红进入娱乐圈，那么这条路倒也中规中矩。但问题是带着功利心横冲直撞想去实现最终的目标，压力变成挡我者死的动力，不一定就能精算出条件合格就此成功。说到底，她想要的是一种光色绚烂、无拘无束的生活，但这跟进入娱乐圈是两码事，把虚无缥缈的白日梦装进娱乐圈里去实现最终会失望，因为那是羡慕和渴望，而不是治疗内心病患的良药。

明星的生活更像是被放大了的人生，高潮时风光到夸张，名利双收，红遍大江南北，这是其他行业所不能带来的；低谷时狼狈到窒息，瞬时失业，沦为路人甲乙，这也是这个行业独有的现象。演艺人员眼中的幸福也许是能自由自在地做一回自己，任性放肆不必为有戏拍、有节目上而殚精竭虑，也不必为突然过气觉得生不如死。同样，平常大众也不必羡慕阳春白雪的生活而怀疑下里巴人的自己，勾画出的风花雪月也许真到了眼前就成了风霜雪雨，不如管它是风还是雨，好好享受当下的一切。

某种程度上说，幸福是一个自定义的概念，是羡慕不来的，每个人都有自己的成长轨迹，量身定做才能无拘无束，才称得上不白活一回。

53

憎恨

一个人能恨多久

佛法说，仇恨永远不能化解仇恨，只有慈悲才能化解仇恨。但可惜的是，人人皆凡夫俗子，不生恨的人闻过未曾见过。而且更加无可辩解的是，很多人心中有敌意的理由更是充足得可怕——人善被人欺，马善被人骑，我选择原谅就是选择继续伤害曾经的自己。

很多人大概有这种经历，莫名其妙地和一个人的磁场相对抗，初次见面就有种不和谐的气场，不知是因为星座不合还是八字相冲，总之第一印象就给对方打了超低分。如果说两人仅见面一次那也不打紧，奈何要天天相见，无中生有的怨气越积越深，终于有一天莫名其妙地爆发了，两个人毫无来由地大干一场。后来冷静下来分析事情的来龙去脉，有一种脑子中邪的恍惚感，为什么会凭空讨厌一个人？为什么第一印象不佳就会成为日后交际中的定时炸弹？没来由的讨厌似乎每个人都有过，说不清也道不明，最终只能用忘记来冲淡这种痛恨，可是如果冲不淡呢？你憎恨一个人到底能恨多久？

我不是一个倡导憎恨的人，只知道爱到末路而分手，依旧能原谅曾经深爱过自己的人那才叫真正的原谅。工作中被小人暗算，生活中被坏人欺负，追梦中被懦夫打击，快乐中被悲观者兜头浇凉水，这都是难以原谅的事情。多数情况下终于原谅，也不过是在众人的撮合下碍于面子暂时统一了战线，莫名其妙地拥抱言和了。一旦没有机会原谅，就成了心中的一道伤疤，每次路过那儿都会重拾记忆，感慨之余也让旧伤疤更深刻一次。有作家说，一个成功的写作者一定曾有不愉快的童年，作为从业者我无可辩解。我的童年可谓痛并快乐着，快乐自然时常跟人提及，痛苦就窝在心里，失眠时拿来自虐。遗憾的是，快乐越发地深刻，痛苦也未曾减轻。但是有句话说得好，幸福正浓时谁还去想从前快乐与否。或许是我被当前的压力压得喘不过气而滋生的无聊念头，但近年来看了一些佛法的书，渐渐对“放下”二字有所感悟，慢慢地冲淡了很多难以消除的伤疤，算得上是成长给予我的恩赐吧。

对于选择一直恨下去和选择放下的人，我都很羡慕。一直能够恨下去的人，无关情商，那心中蓬勃的性情能够持续下去真是很难得，而能够放下，铸剑为犁、以和为贵的人也值得敬仰，这种境界非一般人能达到。

知识和阅历会让人看透爱与恨，会将爱放大、把恨缩小吗？我想不一定，知识分子掌握许多知识，的确丰富了大脑，但也容易留下精于算计的后遗症；而那些嘴上挂着“有仇必报”的人，说不定暴跳如雷过后转瞬即忘，又勾肩搭背、前呼后拥去享受人生了。所以，仇恨这件事得分人，修心养性能够减轻仇恨的重量，但不敢打包票可以彻底消除仇恨。

所以，从人道出发，恨一件事或一个人，就尽量恨下去，释放愤怒和怨气，直到恨无可恨，等到历经人生风雨之后，自然会看透所有。当然一旦有化解怨气的本领，就去化解，给人生减少点儿阻力，也是别人羡慕不来的福气。

54

尊重你最亲近的人

情商这门课，我应该是每道题都不及格，原因不明了，大概是没有天赋或者不感兴趣，觉得人生来就该自然发展，生搬硬套的技巧会丧失生命原本的可爱。但当我听到有朋友说“情商蛮有用的，比如说情商高的人就会非常尊重身边最亲近的人”时，感觉眼前一亮，瞬时对“情商”这个词语产生兴致。

这位朋友事业平平，生活平凡，却是我所认识的人中难得幸福的人。据我所知，他身上的负担不小，养家糊口的操心事一样没缺。然而不同的是，这个朋友除了能处理好平凡的生活，亦有一颗不甘平庸的心，工作十分卖力，人缘也好。这样子过了两年，他摇身一变竟然成了隐形富豪。这命运变化得简直有点儿戏剧性，但仔细想想，像他这样子连细碎小事都能处理得有条不紊的人，干大事自然不在话下。为他欣喜之外，我隐隐担忧那俗套的现实故事会发生，即男人有钱就变坏。

但让我更为感动的是，相比以前，他对家人的好有增无减。参加饭局，他都带上太太，为太太夹菜，时刻照顾她的感受，有时不小心说话打断了她，也会补上一句“对不起”。结婚10年之后仍旧如此恩爱，真是令人羡慕。

我向朋友取经，他拍拍脑袋说：“情商吧。以前艰难时是太太陪伴我给我力量，如今日子好了，知道来之不易，更要加倍地对她好。如果没有她的陪伴支持，就没有我无微不至的习惯，也很难说会有今天这样的成绩。所以，太太永远是我心目中最有魅力的人。”

这段话说得太棒了！人是情感动物，而最难控制的也是情感。情多了，不免泛滥，生生地把手中的幸福丢掉了；情感淡了，亦不懂得去体谅和容纳别人，最后伤人伤己，落得孤家寡人的地步。最合适的就是如朋友这样，愈爱愈相信爱，愈是能从爱中体会幸福感，如此人生经营才算得上出类拔萃。

当下的我也在努力地培养情商，但也不刻意去追求在人情世故的场合里如鱼得水，但求能够修炼自我，离绅士近一些，离野蛮远一些，能够从爱别人的一点一滴中明白：幸福感并不陌生，城市的冷漠或温暖，也能用自己的眼光重新定义。

55

毫无负担地做性情中人

介意别人说自己是聪明之人，大概是因为聪明近年来被误解，总有聪明反被聪明误的尴尬，但不介意别人说自己是性情中人，因为“性情”二字除表感情丰富之余，多少还带点儿这个时代难得的人情味。

但如何才称得上性情中人？朋友刚刚失恋，总结如下：爱一个人时，不去考虑软硬件，一旦动情了就尽力去爱，爱到伤痕累累也不退缩，回过头来还要不言遗憾和后悔。

我身边有不少性情中人。有的家境不错，却偏偏不按父母门当户对的命令出牌，而是选择一只“绩优股”，辛辛苦苦大半生终于获得安稳，美好青春虽不在却过得十分的自在。有的见不得弱势被欺凌，出手相助，慷慨解囊，最后连累留下一身伤，亮出时像极人生的勋章。有的容易被打动，相信别人的代价往往是上当受骗，受伤了还把别人随便的一句承诺当成金口玉言，到后来别人早忘到爪哇国了，自己却还在痴心地等待，直到真相大白，才幡然醒悟，大叫一声：“××误我。”有的仗义疏财，好交朋友，往往别人三句好话，他就把人家当成知己，掏心掏肺。有的热心帮助别人，可当自己遇到难办的事却脸皮子薄，宁愿委屈自己，也不去麻烦别人。当别人依靠自己的帮助发达了，自己却仍然两手空空，原地踏步，就自我调侃：“命里有时终须有，命里无时莫强求。”有的沉迷幻想，幻想未来，幻想爱情，幻想荣华富贵……有时也做白日梦，但当发现梦想与现实相隔十万八千里时，虽能借酒消愁，也不免感叹“今宵酒醒何处？杨柳岸，晓风残月”。有的追求自由自在，四海为家，说走就会立即订票出发去十分陌生的地方。有的人沉溺旅游，“偷得浮生几日闲，逍遥作，天下旅”，常学古人的风骨，读几卷书，行几里路，寄情山水，丰富阅历，动不动便将诗词脱口而出：“登东皋以舒啸，临清流而赋诗。”有的离不开喝酒，呼朋唤友相聚，酒兴尤高，一醉到天明，心里话掏了个干净，信奉：宁愿伤身体，不愿伤感情。有的动不动把喜怒哀乐挂在脸上，和了一把好牌，高兴得手舞足蹈，发起脾气来又暴跳如雷，丝毫不顾及别人感受，快乐时可谓三岁孩童，生气时像谁“借了他的米，还了他的糠”一般。有的生活条件优越，但称不上大富大贵，信奉“生死有命，富贵在天”，觉得“钱不在多，够用就行”，是典型的平安之命……

很难说性情中人好与不好，只是我相信性格决定命运。不过，性情中人只要感到快乐，就不妨一直“性情”下去，快乐无罪。

56

生命不拿来燃烧是种浪费

最怕给悲观的人说两句话，却总是忍不住要说，一句话是：人生总要辛苦，当下不辛苦，以后也辛苦，逃是逃不掉的。另外一句话是：生命不拿来燃烧是种浪费，平平淡淡才是真并非适合所有人。

有一次去中国传媒大学做采访。许久不去大学的我，最感慨的不是校园里的旧场景叩开回忆之匣，而是当下大学生的年龄让我大为吃惊。我念大学时听到“90后”，觉得真是年幼，但现如今，大学里最小的有“00后”，接触以后也并不觉得他们就是想象中的孩童模样。一出生就被网络科技包围的他们，成熟显得更加急切了一点儿。我不是张口闭口就感叹苍老的人，却觉得时间脚步的速度有种不被人察觉的迅疾，于是每年春节我都给自己上一课，提到的重点就是燃烧殆尽当下的每一刻，时间花在哪里无所谓，重要的是要避免后知后觉的浪费。今年大概是重复得太刻意，也总想着再疯狂一次就告别青春（我一直认为自己活在青春里），朋友听了我写的流行歌曲大加赞赏，认为我做文学不如做音乐。“大学时期写了那么多歌曲，丢掉有点儿可惜，不如挤出时间重操旧业，说不定一鸣惊人，摇身一变就成了娱乐圈的宠儿。”我无力去反驳他的观点。我就是一个不折不扣的业余听音乐的人，何曾想过一鸣惊人？又何曾想过娱乐圈会对我青眼有加？但明知朋友的话只是对我的一种鼓励，然而平静的心还是起了波澜。

原本这件事一笑了之，酒足饭饱后，我依然早起写字看书，过一个文人的安静生活。但没想到我的朋友真的是上心了，几度说服我，给我加油鼓气，还拿来了要我命的句子“生命不拿来燃烧是种浪费”来给我下狠药。

他说：“你现在不燃烧，就怕以后没燃料，想燃也不见得能够出现火花。”我是那种容易被哲理说服的人，回头想想竟觉得他说的话有三分道理，那剩下七分在哪里？我一直在思考，后来明白，那七分就是我不甘就此平庸的心。于是，腆着不老也不嫩的脸报名参加了一档音乐节目。鬼知道结果，我就等待着命运发给我的新桥牌，至于是和了还是被和，那都是命运急转弯猜不透的天机。

这让我同样想到，越来越多的人谈梦想，但尴尬的是，多数梦想不切实际，跟自己的专业八竿子打不着，最后也只能沦为梦，沉醉在梦里自得其乐。其实不浪费生命并不是要每一分钟都色彩纷呈，就如我的朋友所说：投入是获得快乐的根本，很多事你别做选择。为了生存抑或责任，你尚可以换个角度看问题，即说服自己爱上职业，爱上被赞赏的机会，慢慢地爱上做出成绩的乐趣，感受到生命尽情燃烧的痛快。当然，无暇顾及感受才能让感受充分自由，当你意识到感受时即是感受受到冷落之时。不妨跟有成见的思维谈判，给眼前的工作改头换面的机会，那么这样一来，将会有很多工作变成事业，很多婚姻变成爱情，很多朝九晚五变成秒秒乐活。

57

爱上枯燥无味

说服一个孩子背诵一篇课文，是该用背不下来站在黑漆漆门外的惩罚方式，还是用背下来能吃到一块糖的激励方式？想必多数人都会干脆地给后者划勾。

有段时间我发现一个规律，避开经验不谈，同样一件事，如果用两种心态去做，效果大相径庭。说一个不太恰当的例子，文艺创作者很少去坐班办公，但有时避免不了就得照做，出现的问题就是，如何心甘情愿地将原来的私人空间变成大众空间。采访了几个同业的朋友，答案是“没有办法”，要么忍受，要么离职。我在想难道没有一种忍耐可以中和一下吗？朋友们的答案很简单粗暴：“如果喧闹有利于创作，那么我们把创作环境搬到迪厅里好了。”

写作的人有时偏激到令人抓狂，但聊到这个话题，就聊到主题了：如果遇到一件你不喜欢又迫不得已要去做的事情，怎么办？

比如你是一名写都市情感戏的编剧，突然有一天有人让你写仙侠玄幻，简直有种让驴子像千里马一样奔跑的尴尬，但一大笔的酬劳摆在面前，你便天人交战了。

最终，不管愿意不愿意，你接下了这不在行的活儿了。具备扎实的写作功底，搜集点儿素材，再熟悉下同类作品的写法，写起来倒是不困难，困难的是没有创作的兴奋感和满足感。无妨，告诉自己：我要在新的领域突破自己，我要让这一题材的作者为我的博学而赞叹，我要试着更热爱文字本身，而不是题材本身。一系列心理暗示带来的结果就是你会全力以赴于写作任务，成绩自然好过敷衍了事。如此，亦能养成凡事做好的习惯，给生存技能镀了一层金。

其实，常常被美化的“孤独”，说白了就是枯燥无味，然而这枯燥无味无缝不钻，但凡人敏感一点儿，就会生出很多“人生苦短，辛苦何必”的念叨。“要学会孤独，享受孤独”这类句子也被用滥了，我相信多数人根本没有真正了解孤独。孤独本身意味着生活的动荡，一旦心有所属，那么孤独自然变调，成了生活的伴奏。

爱上枯燥无味，就是爱上自得其乐的自己；爱上枯燥无味，就是爱上重复而不重样的生活。吃一顿美食是吃，吃一顿淡饭也是吃，美食再可口终究不能放开胃口天天吃，何不将淡饭吃出温馨的幸福感？

58

祝你为好事流泪

录好平生第一首歌给一个朋友听，对方听到落泪，之后她把感受告知于我，并问是否有跟她一样被这首作品打动得情绪激动忘了形的人，我说大概有吧。她向我解释说，即便有人跟她类似，那流泪的缘由也不会相同，别人对歌词感同身受，对旋律情有独钟，唯有她是为词曲的生成始末喜极而泣，是为好事流泪。

这位朋友是我最难堪的那段时光的陪伴者，没有她，很难想象我会再拿起吉他唱歌。至今冰箱里还有尚未喝完的烈酒，喝掉的一半是在遇到她之前，剩下的一半成了我鼓舞自己的信物。她将她的生活经验通过短信发给我，也不是什么人生大道理，甚至不是什么安慰的话，只是淡淡地讲述她的经历，让我不至于孤单地认为这世界只我一人不快乐。既然很多人都不快乐，不如想象如何创造快乐。她夸我唱歌好听，希望我能继续唱下去。对于一名曾经做过乐团，在酒吧驻唱过的非专业歌手来说，这样的肯定当然叫人振奋心绪。于是在她洗脑般的赞美下，我一边完成分内工作，一边试着重操旧业——写歌。

就在那个清晨，一个普通的清晨，我抱着吉他，胡乱地唱出蹩脚的歌词，竟然莫名感动到心酸。我随手就用手机将这段副歌录了下来，拿给她听。当然得到了她的肯定。她鼓励我把这首歌写完。当时我悲观附体的衰样，很难想象如何将它继续下去，是她一次又一次地鼓舞打气，让我心中燃起热血，一口气将那首歌完成了。词曲都改到满意，拿到录音棚录音，交给唱片公司发行，最后塞进她的耳朵，听得她潸然泪下。

终于明白，我做了一件了不起的好事，她为好事而流泪。

不知何时被大众排斥的同时，越来越多的男士流泪也被戴上了多情和深沉的光环。哭一次没什么不好，至少明白还可以流泪。很多人过了30岁从未流过泪，不知道该庆幸还是悲哀。如今的我会被美妙的音符和感人的故事刺中泪腺，也会因自己做了十分难得的事情而哽咽。不过，我发觉流泪会上瘾，哭的时候情绪满溢会形成习惯，如此下去即使不尴尬也会变成一个忧郁的人。

我一直在想，看了太多韩剧的桥段，听了太多轰烈的情歌，会给人造成误导，认为所谓深爱，一旦伤到泪如雨下，便玉成了。假若如此定义成立，那么每当深情遭遇委屈误解，都能在气氛的烘托下大哭决堤，那么这深情就显得太单薄了。但换个角度，假如身边人看着你成长，陪伴你成为责任，关心你成为本能，终于在某个你沉睡的深夜为你胸前的小红花和手上的小奖杯而开心流泪，那这一点一滴的泪汇聚一起，就构成

“幸福”二字了。

遗憾的是，看过太多为失去、为错过、为内心的伤疤而落泪的喧闹，却很少看到为好事流泪的平凡。有幸遇到，我便肯定地认为那贴在眼角的底片，是给心灵漂泊无依的人一份最珍贵的礼物。

祝你，为好事流泪。